"西方现代化脚印"丛书

海洋文明与大航海时代

段亚兵 / 著

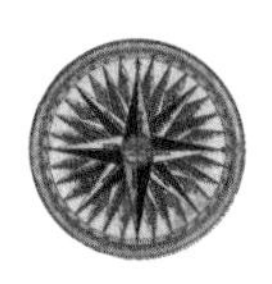

深圳出版社

图书在版编目（CIP）数据

海洋文明与大航海时代 / 段亚兵著．-- 深圳 : 深圳出版社，2025.1

（西方现代化脚印）

ISBN 978-7-5507-3405-0

Ⅰ．①海… Ⅱ．①段… Ⅲ．①海洋－文化史－研究－西方国家 Ⅳ．①P7-091

中国国家版本馆 CIP 数据核字（2023）第 205053 号

海洋文明与大航海时代

HAIYANG WENMING YU DAHANGHAI SHIDAI

出 品 人　聂雄前
责任编辑　陈　嫣
特邀编辑　孙　利
责任技编　梁立新
责任校对　赖静怡
封面设计　李松璋书籍设计工作室
装帧设计　龙瀚文化

出版发行　深圳出版社
地　　址　深圳市彩田南路海天综合大厦（518033）
网　　址　www.htph.com.cn
订购电话　0755-83460239（邮购、团购）
设计制作　深圳市龙瀚文化传播有限公司（0755-33133493）
印　　刷　深圳市美嘉美印刷有限公司
开　　本　787mm × 1092mm　1/16
印　　张　15
字　　数　220千
版　　次　2025年1月第1版
印　　次　2025年1月第1次
定　　价　56.00元

目录

塞戈维亚古城的历史可以追溯到2000多年前的罗马时代。起初，罗马士兵在这里建起了一处兵营，兵营实际上就是一座小城镇。城中处处有古迹，一些建筑竟然还是当年的原貌；小城古色古香，景色美不胜收。1985年，塞戈维亚被选为世界文化遗产。

托莱多是一个遍地都有文物古迹、文化色彩繁多、让人眼花缭乱的城市。各种文化在这里碰撞、挑战、杂交、融汇。犹太教、伊斯兰教和基督教，在这座城市里和平共处，多种宗教各领风骚，因此此地被称为“三种文化的城市”。

科尔多瓦与君士坦丁堡、巴格达并列为世界三大文化中心。在西班牙南部的安达卢西亚区，科尔多瓦与塞维利亚、格拉纳达鼎足而立，像三颗珍珠散发出灿烂夺目的光彩。1984年，联合国教科文组织将科尔多瓦列入《世界遗产名录》。

当年的哥伦布就是从塞维利亚的港湾出发远航探险。后来的麦哲伦也由此踏上征程去美洲，在新大陆发现了麦哲伦海峡。全球首次海陆联通。接着，美洲的黄金白银大量地运到这里，堆积如山的金银打造了这座城市的黄金时代。

在安达卢西亚，科尔多瓦、塞维利亚和格拉纳达形成了历史文化名城铁三角，观光资源丰富多彩。而格拉纳达尤胜一筹。阿拉伯文化留下了浓墨重彩，犹太教文化留下了深邃思辨，基督教文化留下了铁血强权。各种流行艺术碰撞而融汇，多处文物遗迹并存而争艳。

第二章　海上竞争：西方后来者居上

大西洋海滨的名城 …… 059

繁忙的港口里停泊着大大小小的巨轮货船。远处是波涛万顷的大西洋，水汽蒸腾，烟波浩渺。很容易让人联想起极具冒险精神的葡萄牙水手们，当年他们就是从这里出发，穿越大西洋去寻找新大陆，实现自己的探险梦想。

两“牙”瓜分了全球海洋 …… 068

经过争斗，伊比利亚半岛的山头上剩下两只老虎：西班牙与葡萄牙。问题是一山难容两虎。两只老虎你撕我咬、你死我活，在近代史上演出了一台颇具声势的活剧，给欧洲近代史打上了深深的烙印。

敢于冒险的航海家 …… 077

历史学家评价恩里克说，无论对葡萄牙还是对整个欧洲，他的一生及其事业的重要性是无法估量的。从他的航海时代起，每一个从事地理大发现的人，都是沿着他的足迹前进的。

139 呵护家园

据说有一位宇航员遨游太空，看到了地球上的两个人造工程项目：一个是中国的万里长城，另一个是荷兰的围海工程。不管这个传说是真是假，中国长城和荷兰围海工程作为超大规模的人造工程项目是不争的事实。

150 潮起潮落

荷兰起步于 13 世纪，发展于 15 世纪，独立于 16 世纪，辉煌于 17 世纪，衰落于 18 世纪。在 400 多年的历史里，花开花谢，潮起潮落，写下了历史上的重要篇章。

156 白银大量流入中国的影响

西班牙、葡萄牙掠夺美洲，发现了大量的金银矿，这正好解了西方国家与中国做生意时缺乏硬通货的窘境，于是白银开始大量地输入中国。不夸张地说，中国是世界白银最后的沉淀池、藏金库和窖藏地。

第四章　文明贡献：人类文明宝库中的瑰宝

光彩夺目的巴塞罗那 …………………… 163

巴塞罗那作为一座历史悠久的古城，陈旧与新颖并列、古老与现代比美。衰老的树干上不断开出娇艳的新花，万花筒里连续变幻出五光十色的奇景。如今的巴塞罗那港仍然是地中海沿岸最大的港口和最大的集装箱码头，不愧是“伊比利亚半岛的明珠”。

高迪的建筑美学 …………………… 177

高迪以一人之力撑起了巴塞罗那艺术的一片天空，他的建筑为这座城市增添了极具特色的艺术色彩，他将加泰罗尼亚的艺术提高到了一个新水平。巴塞罗那为拥有这样一位天才的艺术家而备感荣耀。总之，拥有了高迪，这里就成为一座艺术之城。

西班牙的画家们 …………………… 189

走廊上的一个通道门被布置成女人的脸：玉米穗是头发，黑丝线编织的螃蟹是眼睛，倒挂着的裸体女人雕塑是鼻子，红色布艺包边的门框是性感的大嘴，嘴唇上还有两颗很大的扇贝壳像是门牙。太幽默了！

200 …… 荷兰的画家们

凡·高笔下的夜空，不是我们所熟悉的那种深邃无际的样子，而是像浩渺无际的大海，涌动的海流波涛汹涌，扭成巨大的旋涡；画面上有一丛高大的植物，不像是大树，像熊熊燃烧的烈火，火焰直冲天空。

210 …… 斗牛士·舞者

斗牛士勇敢敏捷、风流倜傥，是西班牙美男子的形象。在这片洒着鲜血的沙滩上，野性的运动与典雅的艺术并现，狡诈的斗智与狂霸的蛮力争锋，华丽的装扮与血腥的场面交织，本能的力量与原始的审美结合。

219 …… 尾声：大航海时代诸国对人类文明的贡献

总序

坚定不移地走中国式现代化新路

段亚兵

2020年4月，笔者在深圳出版社出版《德国文明与工业4.0》一书，深圳出版社的领导看过初稿后，感觉内容不错，建议就这个题目多写一些内容。于是，笔者就构思写成了一套丛书，定名为“西方现代化脚印”。

西方的现代化，包括工业化、城市化等内容，是人类文明发展史中的重大事件。在这以前，人类生产发展的形态基本上是从采集，到游牧（包括渔猎），再进入农业阶段。世界的农业文明中心，出现在中东、南亚的印度和东亚的中国，还有南美洲的一些地方。这是人类社会中农垦技术最高、农业最发达的几个地区；中国也因此长时期走在人类文明的前头、成为举旗手之一。

后来，人类的历史发展出现了一次突变，以英国工业革命为代表，世界开始进入工业社会，人类文明从此进入了新的发展方向。可以将人类社会的发展比喻为江河流经大地的形态，大江奔流，浩浩荡荡，一泻千里，但是江河不可能笔直前进，一定是弯弯曲曲，转折迂回，波起浪涌的。西方现代化运动的兴起，是人类历史发展过程中的一次重大转折。

那么，西方发生的现代化运动，最早是从什么时候、什么地点萌芽的？笔者认为，起点是意大利的文艺复兴，时间大约在500多年前的14—16世纪。同时，经历了地理大发现时期(或叫做大航海时代)。地理大发现发现了新大陆，大航海时代里全球市场逐渐连成一片，从而给英国发生工业革命提供了成功的条件，于是西方的现代化事业起步了。或许可以对西方的现代化道路做这样的概括：意大利文艺复兴是西方现代化的报春花；地理大发现为西方现代化开辟了道路；英国工业革命空前提高了生产力；近代科学思想和技术进步为西方现代化插上了腾飞的翅膀；英国资产阶级“光荣革命”和法国的启蒙运动，塑造了西方现代国家制度的面貌。所以，笔者观察到的西方现代化运动，应该从意大利开始讲述。为此笔者又写了4本书，加上已经出版的《德国文明与工业4.0》，丛书就变成了5本。现在，这套书终于完稿出版。

笔者在20多年的时间里，多次到欧洲和美洲国家参观、访问、考察、旅游。就笔者的观感而言，西方在现代化建设方面确实远远地走在人类文明发展的前面。相比之下，中国自改革开放以来，特别是近20多年里开始加快现代化的前进步伐，工业化建设大刀阔斧，城市化进展突飞猛进，现代化面貌日新月异。笔者在行游中，对中西方两者不断对照比较，自然会产生许多念头和感想。在与他国人与事的接触中，一方面，笔者不断地思考如何借鉴西方的经验实现自己国家的现代化，有道是，它山之石，可以攻玉；另一方面，也切实感觉到，中国与西方之间的差别真的很大，实现现代化的道路迥然不同。

在党的二十大会议上，习近平总书记报告中用很大的篇幅论述中国式现代化问题。习近平总书记说，中国式现代化，是中国共产党领导的社会主义现代化，是人口规模巨大的现代化，是全体人民共同富裕的现代化，是物质文明和精神文明相协调的现代化，是人与自然和谐共生的现代化，是走和平发展道路的现代化。

党的二十届三中全会通过了习近平总书记所作的工作报告《中

共中央关于进一步全面深化改革、推进中国式现代化的决定》。报告中的许多论点切中肯綮、富有启示：党的领导是进一步全面深化改革、推进中国式现代化的根本保证，开放是中国式现代化的鲜明标识，中国式现代化是走和平发展道路的现代化，中国式现代化是物质文明和精神文明相协调的现代化……

通过学习二十大报告和二十届三中全会的工作报告中总书记对此问题的系统论述，以前困惑笔者的很多疑问都有了答案，笔者也对中国式现代化理论有了新认识：中国的发展道路，与西方走过的道路相比较，至少在以下几个方面完全不同。

一是没有中国共产党的领导，中国在现代化道路上步履维艰。

中国的工业化现代化进程肇始于清末。先有洋务运动，后有戊戌变法，但都失败了。中国的第二次工业化现代化重新启动于民国，那段时期里建立起了一些以轻工业为主的民族工业。但后来在抗日战争、解放战争中，坛坛罐罐被打得稀烂。中国的第三次工业化现代化起步，是在中华人民共和国成立后的前30年中，初步建立起了中国的工业体系。第四次工业化现代化进行于1978年后的改革开放时期，终于引爆了中国的“工业革命”，取得了巨大的成功，短短40年时间里，中国跨过了高高的门槛，踏入工业化现代化的殿堂。

总结这一段历史，可以明白一个道理：中国的四次工业化现代化运动，前两次为什么失败，后面两次为什么成功，关键在于有没有中国共产党的领导。为什么只有中国共产党能够领导中国的工业化现代化事业走向成功，是因为中国共产党是由马克思主义理论武装起来的政党，是全心全意为人民服务的政党，是具有极强政治组织能力的政党。毛泽东主席有一句话说得好：“领导我们事业的核心力量是中国共产党。”

二是中国进行工业化现代化，选择了一条与西方完全不同的行进道路。

西方的现代化，走的是外侵式、掠夺式的路子，而中国的现代化走的是内生性、建设性的路子，这是完全不同的两种道路。

西方列国在发家的早期，在大航海时代将手伸到国外，建立起了全球的商业网络，强占了大量的殖民地，开辟了商品的倾销市场，霸占了大量的生产原料来源地，在殖民地民众的白骨和血泪上建起了自己的商业帝国。这方面有几个突出的例子：英国曾被称之为“日不落帝国”，将手伸到了世界的各个角落；大航海时代的探险者葡萄牙，在亚洲和拉丁美洲建立了多个殖民地，包括中国澳门；西班牙从南美洲掠夺了大量的黄金和白银，当年过着世界上最豪华的生活；“海上马车夫”荷兰也占领了很多地方，染指台湾，命名新西兰，甚至在美洲哈德逊河口的一块地方建起了新阿姆斯特丹(就是如今的纽约)；比利时和法国在非洲占领了大量的殖民地，把当地民众卖为奴隶，将其财产运回宗主国。西方现代化的成功，是建立在对全世界的剥削和掠夺之上的。

中国进行工业化现代化，完全靠自己内在的力量。当然，中国对外开放，也从外国购买工业原料，向世界供应产品。但这完全是建立在平等互利商业基础上的一种贸易关系。中国实现现代化主要靠自己的辛勤劳动慢慢积累，而不是像当年的西方列强那样靠占领掠夺殖民地实现自己的原始积累。

三是中国进行的工业化现代化，目标是让全体人民共同富裕。

在西方发展过程中，我们看到了一个悖论：随着经济的发展，越来越多的财富越来越集中在少数人手里。有钱人富得流油，而普罗大众并没有得到多少实惠，反而有众多的人日益贫困化。这种情况不由得让人想起唐朝诗人杜甫“朱门酒肉臭，路有冻死骨”的诗句。以美国为例，随着全球化的发展，富人越富，穷人越穷，连中产阶级都开始慢慢地陷入贫困泥沼中。其主要原因在于：西方的现代化是资本主导的少数人的现代化，而中国的现代化是着眼于人的公平正义，走共同富裕的现代化。

中国进行的工业化现代化，之所以呈现出一种全民共同富裕的特征，是因为中国是社会主义国家，走共同富裕之路是社会主义理论的题中应有之义；而这一理论又与中国传统文化中“大道之行也，天下为公”的理念完全相符合。中国式现代化，对内是要全民共同富裕，对外是要联合世界上一切对我平等的民族国家共同发展。

本人通过写作这本书更加深刻地认识到，中国式现代化是前无古人的事业，是艰苦卓绝的奋斗，是造福人民大众的善政，是开辟新式的现代化道路模式的选择。概括起来说，中国式现代化理论是在马克思主义理论指导下对其发展的成果，也是深深根植于中国优秀传统文化土壤里的一朵绚丽的花朵。中国式现代化是新模式，与西方的现代化不可同日而语。中国式现代化走的是天下为公的宽敞大道，要实现的是共同富裕的理想社会。天下为公的治理方针能够保证可持续发展的稳定状态，共同富裕的社会才有可能建立起公正公平的理想社会。

中国式现代化道路不仅是适合中国发展的正确道路，也是有利于全球发展的锦囊妙计。中华民族愿意与普天下的众多民族走一条共同富裕的道路，实现天下大同的理想。因为中国人认识到，蔚蓝色的地球，是茫茫星空中人类唯一的家园；人类命运共同体，是一艘航行于波涛汹涌大海里的方舟。人类唯有同心携手，方能共同创造美好的未来。

人总是通过他者认识自己。只有深入地了解别人，才能更好地理解自己。仔细研究别人的得失，有利于做好自己的事情；观察别人的走过的路，方可以有把握地确定自己的行动：他人成功的经验是我们可以吸收的营养，他人的失误是对我们的警示。在他人的挫折里吸取教训，可以帮助我们避开道路上的大坑；分析他人走弯路的教训，有可能给我们弯道超车的机会。

这就是笔者要写作这一套丛书的目的。

前言

文明在接触交流中进步

段亚兵

我退休后有了一些机会去国外走动。异国情调，目不暇接；所见所闻，收获良多。去欧美一些国家感觉收获更多一些。思索观察欧洲国家为什么能够率先踏上现代化的道路，是一个饶有趣味的研究课题。

近几年德国的制造业发展引人注目，率先提出了“工业4.0”的概念。受到启发，我产生了写一本介绍德国文明的书的想法。书稿完成后，与出版社的几位编辑讨论聊天，大家认为，包括德国在内的欧洲国家走出了一条不同凡响的道路，在人类文明发展史上创造了奇迹。有一位编辑来建议说：“既然开始研究德国文明的发展，那能不能将视野再放宽一点，多写几本欧洲其他国家的书，探讨西方现代化文明发展的路径。这位编辑的话让我头脑快速运转起来，打开了我多年所见所闻的记忆和不断思考的闸门。于是，写作“西方现代化脚印”丛书的想法逐渐成熟，我初步考虑写作5本，包括德国、意大利、西班牙、葡萄牙、荷兰、英国、法国等。我认为研究西方现代化文明发展史，应该从文艺复兴开始谈起，讲述大航海时代，评说启蒙运动，探讨工业革命发生的原因等，落脚到德国的工业4.0。以上是西方现代化过程中的几个重要节点。如果按照这个逻辑，我目前的写作顺序已经反了，德国文明的书稿已经写成，只好再倒叙其他国家的故事。好在这不是一部学术著作，结构方面不必严格要求；而是一本文化思考的书，顺序可以灵活安排。

打开西方现代化文明发展的历史画卷可以看清楚一个事实：现代文明虽然最早出现在欧洲，但这是人类古代文明综合发展的结果。

首先，西方现代化文明发展的源头和传承路线复杂，古希腊文明是其源头之一。虽然古希腊地处欧洲，但是古希腊文明的智慧并不是直接、自然地流传到近代欧洲，而是经由阿拉伯文明作为二传手的。在长达千年的中世纪里，古希腊文明的智慧被阿拉伯文明继承并发展，反哺欧洲引发文艺复兴运动，成为欧洲现代化文明发展的思想动力和智慧宝库。

其次，欧洲的文明发展受到了世界其他文明发展的影响。以中国与欧洲的互动为例。中国与欧洲分处在欧亚大陆的东西两端，虽然地隔万里，但是中国与欧洲文明的交流实际上一直在进行。威尼斯人马可·波罗在监狱里口述在中国的见闻，成书后在欧洲引起了轰动。欧洲人发现东方大国的繁荣富裕后思想不再平静，产生了想要与东方往来的强烈愿望。大航海时代是欧洲迈进现代化的一个重要历史时期。然而，在哥伦布探索新大陆之前的半个多世纪，明朝的郑和就已经完成了下西洋的壮举。两个船队的航船大小和船队规模不可同日而语，中国的航海技术为哥伦布等西方航海家的探险提供了智力支持。

回顾历史只想说明一个观点：文明是在接触交流中发展的。一个文明善于向其他文明学习借鉴，才能不断取得进步；如果自我封闭起来，拒绝学习和交流，这个文明就会落后、衰败，最终被历史淘汰。

当然，文明体之间有竞争，有挑战，甚至有冲突。英国著名学者汤因比提出的“文明的挑战和应战”理论给人启发，美国学者亨廷顿提出的“文明冲突”理论也值得思考。也许，文明是在挑战应战中产生和发展，也是在冲突中毁坏和更新。总之，不管是主动地学习、自愿地借鉴也好，还是被动地应战、严重地冲突也好，文明总是在接触、冲撞、交流、融汇中发展。

习近平于2019年在北京召开的亚洲文明对话大会上谈到了这个道理。他认为，文明交流应坚持开放包容、互学互鉴，如果长期自我封闭，文明必将走向衰落。他说："我们应该以海纳百川的宽广胸怀打破文化交往的壁垒，以兼收并蓄的态度汲取其他文明的养分，促进亚洲文明在交流互鉴中共同前进。"

写这套丛书有两个目的：一是研究欧洲诸国实现现代化的历程，看看西方为什么会后来者居上，在历史发展中走在前面，它们在现代化道路上行走中有些什么经验和教训可为我参考。二是明白开放的环境、积极对外学习的态度有利于自身文明发展的道理。自我封闭是危险的，拒绝文明交流是愚蠢的。他山之石，可以攻玉。我特别喜欢费孝通老先生讲的一句话："各美其美，美人之美，美美与共，天下大同。"短短16字，说出了人类文明体应该互相尊重、互相学习，才能有利于文明发展的大道理。

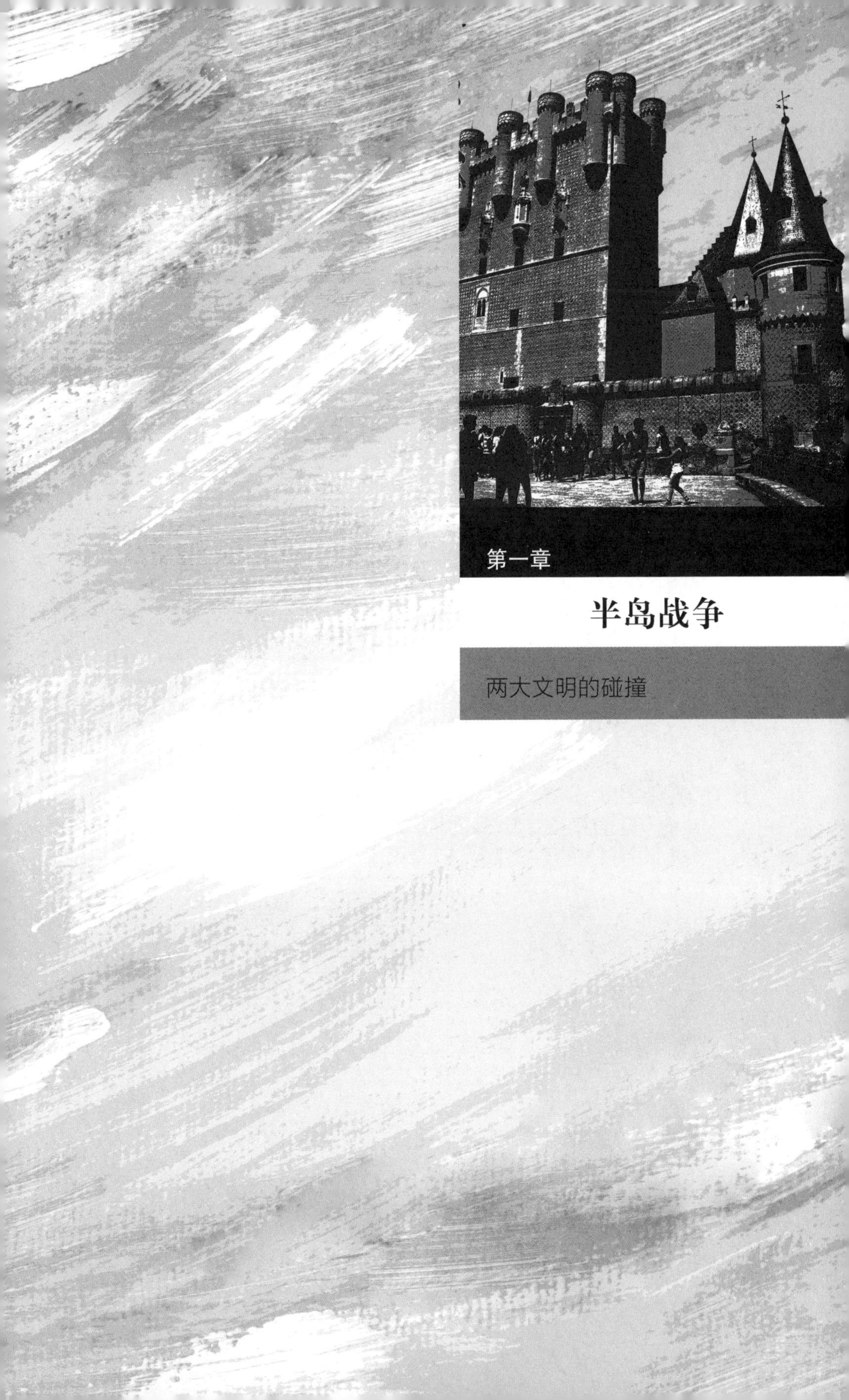

第一章

半岛战争

两大文明的碰撞

古城塞戈维亚

从塞戈维亚起笔

写西班牙从何处写起，这是一个颇费思量的问题。从马德里写起？马德里虽然贵为首都，但历史却比较短；从巴塞罗那写起？该地虽然历史悠久，但是位于伊比利亚大陆的边陲，与主流文化距离较远；从南方写起？南方的安达卢西亚是基督教文化与伊斯兰教文化的深度融汇区，文化五颜六色，城市景观漂亮，但是难以代表西班牙的主流文化。因此，我决定从塞戈维亚写起。

我们一早来到塞戈维亚，晴空万里，阳光灿烂，地中海沿岸这种好天气很多，确实是旅游的好地方。塞戈维亚位于马德里北边偏西的地方，距离马德里约95千米远，是一座历史悠久的古城，可以追溯到2000多年前的罗马时代。起初，罗马士兵在这里建起了一处兵营。罗马军团的兵营可不简单，说是军事要塞，但也会包括城市公共建筑和文化设施，实际上就是一座小城镇。城中处处有古迹，一些建筑竟然还是当年的原貌；小城古色古香，景色美不胜收。1985年，塞戈维亚被选为世界文化遗产。

我们首先来到罗马时代建的引水渠大渡槽。许多历史书上都说

在塞戈维亚看到了古罗马时代建的完整的大渡槽
摄影/段亚兵

到罗马士兵善战能工，是那个时代最优秀的建筑工人。在罗马军队控制的势力范围内，他们修建了宽阔笔直的大道、巍峨的宫殿、半圆形的巨型露天剧场，还有为解决清洁饮水问题而修建的引水渠大渡槽。就大渡槽而言，在我所走过的地方，塞戈维亚的这一座大渡槽是最完整，最美丽的。

一座多么雄伟的工程啊！大渡槽又长又高，从这个山头越过谷底接到另一个高地，

深圳企业人员在古罗马大渡槽前留影

将清洁的水源引入城镇。据资料介绍，当初罗马人建造的这座引水渠长达17千米，将附近富恩弗里亚山上的山泉水引出，经过条条峡谷，跨越克拉莫尔河后引入城内，让士兵和居民们喝上香甜的泉水。

如今见到的这段水渠只剩下728米长。这段水渠高达30米，分成了上下两层，下层宽，上层窄。站在谷底仰看这样一个巨型渡槽，真像看到长虹横跨天空，白色石桥的雄伟身影，在蓝色天空下傲然屹立。大渡槽的建筑材料全用花岗岩石块，据说石块之间不使用灰浆黏接只靠将石块雕琢得精细准确，巧妙地垒摞起来，严丝合缝成为整体。历经2000多年的风吹雨打，雷震电劈，竟然岿然屹立，就像初建时一样牢固，甚至还能通水。如此高明的建筑技术真令人叹为观止。

石桥的上下两层都是拱桥形式，共有166个拱洞。这种结构，让原本沉重的墙体变得通透，轻巧。桥身上的拱门环环相连，比常见的跨河拱桥更有气势。拱桥一般只是一层，这样两层拱桥摞在一起，更显得壮观。渡桥像是城墙，前后相连、上下相错的拱洞像是在城墙上凿开了许多窗户。体量巨大的渡槽建筑，不仅没有影响两边的市街景观连成一片，而且让空通玲珑的桥身与高低起伏的山脉连成一气，成为雄伟且好看的风景，不能不令人佩服古时罗马建筑工程师极高的美学眼光。

看完引水渠大渡槽，我们顺着街道向北，边走边看，穿过整个城镇。经过圣马丁广场，远远瞧见了雄伟的大教堂。湛蓝色天空笼罩成为天幕，绿色的树木形成了一道绿色屏障，泛出金黄色色彩的教堂突兀而立，威严又靓丽；楼房层层叠叠，繁复而壮观。由于这座教堂拥有优雅的身段，被称为“教堂贵夫人”，房顶上有许多尖塔伸向天空，典型的哥特式建筑风格。据说在整个西班牙，这座建筑要算最新的哥特式大教堂。

继续往前走，著名的古城堡出现在眼前。城堡修建的时间晚于大渡槽。后者修建于公元1世纪，当时的罗马帝国如日中天；而前

以此美丽的古城堡为背景，迪士尼拍摄出了《白雪公主》动画片　摄影/段亚兵

者建于13世纪初，此时罗马帝国已经衰落。西罗马已经灭亡好几百年，而搬迁到拜占庭的东罗马还将存在200多年。

古城堡也是一个很大的建筑群。高房厚墙，经历无数战火纷飞；堡垒要塞，保卫一座古城平安。修建的城堡虽为备战，建筑造型却美丽优雅。长方形的整体建筑，转角处镶嵌着圆柱形的墙角；厚重的城墙上，圆锥形的塔尖伸向蓝天。城外面是一条河流，更让城堡像是一只猛虎，虎视眈眈地扼守在河边，保护着身后的城镇。我觉着此古堡可以与德国南部的新天鹅堡媲美。因此古堡模样漂亮，迪斯尼拍摄动画片《白雪公主》时被选作原型。迪士尼电影的广泛宣传，更是让古城堡世界闻名。

看完古城堡往回走，回程路不是来时路，而是顺着城镇旁边的另一条路线往回走。路边有城墙，不算高，但是由于墙外是深深的沟壑，所以是防守的好壁垒。看来当年的罗马军队，选择这个地方建兵站很有道理，这是一座易守难攻的要塞。我看了一下导游小册子上的城镇平面图，发现整个城镇的形状像是一个宽大的口袋，古堡在最前面，像口袋扎起收口的地方，看情况当时的敌人来自北方。

伊比利亚半岛的肇始

今天的西班牙是一块宝地，自然条件非常好。而在远古时代，西班牙和葡萄牙所在的这片土地被称为伊比利亚半岛。半岛除了连接法国的一个通道外，基本上四面环海。西边依大西洋，东边靠地中海，北边的一面临比斯开湾（另一面连法国），南边渡过直布罗陀海峡，就是非洲的摩洛哥。国土基本上是方形的，首都马德里（这座城市出现很晚）处在国家的中央，塞戈维亚位于马德里的北偏西。

演奏萨克斯的街头艺人吹出悠扬的曲调
摄影/段亚兵

古代居住在半岛上的人被称为伊比利亚人。按照考古学家的说法，最早的人类生活在非洲。既然两地间只隔着一条浅浅的海峡，非洲南方古猿渡过海峡来到伊比利亚半岛上生活是很自然的事情。实际上，在伊比利亚半岛上发现了距今20万年的尼安德特人的化石。

据说大约从公元前3000年

开始，外来民族向伊比利亚半岛大规模移民，其中有欧洲的凯尔特人、希腊人和亚洲的腓尼基人等。公元前264年，罗马兴盛，开始进攻迦太基。在一个多世纪里，罗马与迦太基之间发生了三次被称作布匿战争的争霸战，最终罗马人得胜。从此以后，伊比利亚半岛的主人成为罗马人，就是在这个时期罗马人建立了塞戈维亚军营。在长达2个世纪的时间里，伊比利亚是罗马帝国的一个行省。

公元5世纪，西罗马帝国开始衰落。公元415年，西哥特人入侵西班牙，建立西哥特王国，从而开始了长达300年的统治。狄奥多里克大帝统治时期是西哥特王国的繁荣时期，先后有6个国王统治。接着，进入了托莱多王朝时期，这是西哥特王国的最后一个王朝（我们将在托莱多的篇章中讲这个故事）。

公元711年，阿拉伯将军塔里克带领阿拉伯军队横跨直布罗陀海峡，在瓜达莱特战役中战胜了西哥特武士，西哥特王国灭亡，西班牙由伍麦叶王朝的哈里发任命的总督治理。756年，阿卜杜·拉曼一世（731—788）在西班牙科尔多瓦建立后伍麦叶王朝。（关于阿拉伯人征服西班牙的故事，我们将在后面的篇章中讲述。）

古城堡里的双王婚礼

让我们再次回到塞戈维亚的古城堡。城堡不仅是白雪公主的闺房和乐园，也是西班牙一位女强人国王的宫殿。古城堡最早为打仗而建，战时指挥所简陋朴素，不可能像后来的帝王宫殿那样气派奢华。在古堡里参观一下，就能感受到创业早期那种艰难困苦生活的氛围，就是君王也要过朴素的生活。研究一下许多开国君王的创业史，就能懂得艰苦是磨砺意志的磨刀石，简朴是保持斗志的良药方。在西班牙历史上享有盛誉的这位女王是伊莎贝拉一世（1451—1504）。她就是在这座古堡里，运筹帷幄之中，决胜千里之外，完成了西班牙的统一大业。

圣马丁教堂建筑风格属于阿拉伯穆德哈尔建筑风格
摄影/段亚兵

在这里我们接着上一节的内容，先要交代一下近代西班牙崛起的历史背景。阿拉伯人成为统治西班牙的主人后，原来的西哥特贵族逃亡到了北方的山区。失去统治权力的贵族们怎么能够忘记仇恨，咽下失败这口气？复仇的情绪在聚集，愤怒的火焰在地下燃烧，举旗造反是迟早的事。面对强大的敌人，小王国们只能走合并增强力量的路子。小王国不断合并，最后形成了阿斯图里亚斯、卡斯提尔、亚拉冈、加泰罗尼亚、葡萄牙等几个信奉基督天主教的王国。

这时候主角出场了。主角就是卡斯提尔女王伊莎贝拉一世和亚拉冈王国的斐迪南二世（1452—1516），故事发生的舞台就是塞戈维亚古城堡，两人在古城堡举行婚礼，结为夫妇。这场婚姻既是浪漫爱情的果实，也是政治的联姻，对后来西班牙的发展产生了决定性的影响。

塞戈维亚版的狮身人面像，从中可以看出古埃及文明对此地的影响　摄影/段亚兵

15世纪60年代末期，伊莎贝拉既是当时欧洲最富有的富姐，也是卡斯提尔王国的继承人，这样的女子哪个王子不爱呢？因此她有众多的追求者。她的同父异母兄长、当时的卡斯提尔国王恩里克四世希望妹妹能嫁给葡萄牙国王。1469年，当时正值青春、美貌如花的伊莎贝拉不愿意，“我的婚姻我做主”，她为此逃出家门。她早就秘密派遣特使到欧洲各个宫廷调查过她的求婚者，挑来选去最后选中了斐迪南王子。她放弃了现成的葡萄牙国王，决定嫁给斐迪南王子，这应该说主要是甜蜜的爱情战胜了显赫的帝王地位。

伊莎贝拉的举动激怒了恩里克，他取消了伊莎贝拉的王位继承权，指定自己的女儿胡安娜为王位继承人。1474年，恩里克去世，强悍的伊莎贝拉宣布自己继承王位。胡安娜当然不干，爆发了卡斯提尔王位继承战争。最终，伊莎贝拉获胜，成为女王（1479—1504）。也是在这一年，亚拉冈国王胡安二世去世，斐迪南继位成为新国王，称为斐迪南二世（1479—1516）。夫妻两人都成为国王，这是西班牙历史上出现的罕见的“双王同座同床”的现象。从此斐迪南和伊莎贝拉共同统治卡斯提尔和亚拉冈的江山。

⊙ 这个雕像前后劈成两半，挺有创意
摄影/段亚兵

双王执政并不是说卡斯提尔与亚拉冈变成了一个国家，而是在两个王位结合的意义上，让两个国家像一个国家一样运作。统一行动得到了罗马教廷的赞成，教皇亚历山大六世授予伊莎贝拉一世和斐迪南二世“天主教国王”的称号。

伊莎贝拉一世和斐迪南国王继位后，将从阿拉伯人手里收复失地，实现西班牙统一的大业作为毕生的事业。天主教与伊斯兰教在西班牙的争夺是一场长时期的较量，从8世纪起兵，一直打到15世纪，时间长达800年。

1492年1月2日，伊莎贝拉一世率领的天主教军队在格拉纳达打败了穆斯林的最后一个王朝。西班牙“恢复失地运动”宣告完成，实现了全境的统一。

中国有一句古话说得好：巾帼不让须眉。这句话在西班牙得到印证。西班牙统一大业中，伊莎贝拉一世的贡献可能最大。

文化多样的托莱多

托莱多掠影

2000年和2015年，我两次到达托莱多。尽管时间相差十几年，但是城市景观似乎一点没有变化。托莱多位于马德里西南方约71千米处，游客们从马德里出发一般当天就能回来。这是一座山城，雄踞在深谷岩山上，一条名叫塔霍河的河流环绕流淌，让山城三面环水。这是那种地势险要、易守难攻的堡垒要地，在战争年代里，这种战略要地是兵家必争之地。

可以说托莱多是那种遍地都有文物古迹、文化色彩繁多、让人眼花缭乱的城市，怎么也看不够。由于千年岁月更替，朝代数次变换，各种文化在这里碰撞，挑战，杂交，融汇。犹太人、穆斯林、基督徒在这座城市里和平共处；多种宗教各领风骚，庙宇可以互相使用，各路神仙共处一室，因此此地被称为“三种文化的城市”。这种情况世界罕见，当然中国除外，在中国，儒道释三家共用一个庙堂的情况倒是比较多。然而中国文化的本质是讲和谐，信仰虽然不同，但互相不排斥，一个庙堂里供奉多路神仙倒也不奇怪。而西方不同，西方的宗教多是一神教，只有自己信奉的神是真神，其他

⊙ 托莱多古城全景　摄影/段亚兵

异教徒是邪教，坚决打倒，绝不轻饶。因此，多种信仰和平共处的托莱多是少有的例子。事实上，文化多样的托莱多，曾经是西班牙的文化艺术中心，因此，我对这座城市的评价是“多种文化塑造的托莱多”。

两次到托莱多观光，给我印象比较深的是城市的门、路、房。

先说门。三面环山的托莱多本来就拥有地势险要、易守难攻的优势，环城而建的城墙又给城市披上了厚厚的铠甲，更显得固若金汤。古城墙是砖墙，最初建墙时使用的应该是红砖，由于年代久远已经变成了灰色，只隐隐透出暗红的颜色。有城墙就有城门，完全封死当然不行。据说全城共有9座城门。我说一说其中最重要的三个门。

一般人们进城要走阿尔坎达拉大洪桥，挡在桥头的就是著名的比萨格拉古城门。城门建筑风格是阿拉伯式，应该最早是穆斯林当

古老厚重的比萨格拉古城门

政时修建的。桥是石头桥，门是石头门，石料采用的是粗粝的花岗岩，整个建筑显得坚不可摧。作为古城的正门，攻防是需要首先考虑的因素，建得厚重坚固是可以想象到的，虽然经过几百年风雨的摧残，石桥、石门仍然保持了原来的模样。后来天主教的查理一世当政时，对石门进行了局部改建和修饰，在拱门顶上加了由双头皇鹰与帝国徽章组成的图案，这个图案就是托莱多的市徽。

塞万提斯的《堂吉诃德》中写到了古城门和石桥，这座门由此更为出名。书中写道，高挑瘦弱的堂吉诃德手提长枪，骑着瘦马，从比萨格拉门出发，去寻找他的骑士梦……门内一处墙面上镌刻着塞万提斯写给托莱多的题词："西班牙的荣耀，西班牙城市之光。"

进了比萨格拉门一直往前走，就来到了太阳门，该门建造的时间更久远（据说是13世纪），修建者是济贫教派的骑士。为什么叫太阳门呢？据说按照古时候的星象测量，此门位居零度子午线上，

在圣马丁桥上，据说可以看到“西班牙最美落日”

从日出到日落，阳光始终照着城门，也可能因为这一点，门头上刻有太阳和月亮的图案。

如果从东面入城，从西面出城，就会经过圣马丁桥。这座桥也建于13世纪，是一座有5个拱洞的拱桥，桥头两端各有两个城堡。站在桥上看向两边，可以看到美丽的河谷，秀水长流，波光粼粼。据说夕阳下坠的时候，站在桥头上可以看到“西班牙最美的落日”。

次说路。托莱多是座山城，路面随着山势爬高走低，时不时还会跨过一道桥梁。街道不算规整，直路斜路交叉在一起，宽阔的大街道很少，多数是窄窄的巷子。路面上铺着石板和鹅卵石，几百年的踩踏让石板光滑如镜。路面虽窄，却十分整洁，显示出市民们良好的卫生习惯。这样的市区不要说汽车开不进来，许多路面连马车都可能没有办法行走。生活在这个城市里，行走在密如蛛网的窄巷斜坡上，能够让人明白中世纪人们的生活方式是怎样的。那时候的

这个不起眼的小门里边，隐藏着另外一条街道
摄影/段亚兵

生活一定是慢节奏，不需要速度太快的交通工具，在这座不大的山城里走来走去，日子就打发过去了。我们在一条小巷里走到了头，以为是个死胡同。导游走上前去打开了一扇门，出门一看来到了另外一条街，门一关上，与街上其他的房门没有什么两样。我们惊讶得笑了起来，怎么能想到这扇门里面竟然是一条街巷呢？

走在这条路上，一会儿爬坡，一会儿下坡，只能慢慢往前行。街两边的商店鳞次栉比，橱窗里的商品琳琅满目，很有逛街的感觉。托莱多的各种金银制品、陶土彩盘、盔甲兵器、令牌徽章等土特产品深受观光者的喜爱。尤其是刀剑锻造技术居全国之冠，刀剑造型美观、刃口锋利，是驰名世界的良器。据说中世纪时，这里的工匠们能够打造出最锋利的刀剑和最坚固轻盈的甲胄，由此获得了“兵刃之都”的称号。

这里说一件自己亲历的事。2000年我们来到托莱多逛商店，一

古城里有多条这种长长的街巷，有的街巷上空用长长的布幔遮挡毒辣的阳光　摄影/段亚兵

位出身广州军区家庭的团友，自小喜欢枪炮刀剑，在一家商店里选了一把中世纪花纹的良剑，虽然价格不菲，但还是一咬牙拿下了。我们登机去下一站时，宝剑只能托运，到了下一站去提取行李时，宝剑找不到了，后来经过多次交涉寻查终无踪迹，他为此懊悔许多年。我一直记着这件事。不过事后想，这种人见人爱的宝剑不丢失才是奇怪的事情。

再说房。市区里的房屋比较低矮，大多是二三层高。房屋式样多种多样，令人喜欢，外墙上贴满的花里胡哨的瓷砖，磨得发亮的铜门，锈迹斑斑的铁窗，原汁原味，古色古香，很有一种历史沧桑的感觉。街市里的民房低矮古旧，并不是市民们没有建新大楼的财力，而是政府颁布禁令，不准拆除旧屋，不准建新楼，甚至不准拓宽马路。整个古城都是国家文物保护单位，要保持原来西班牙街市风格的模样，不许有丝毫改变。

大主教教堂
摄影/段亚兵

托莱多市政厅

古城里虽然多数是低矮的民房，但是不等于说没有高大的建筑。高大雄伟的建筑多数是教堂，高耸入云的尖塔，厚重的石块墙壁，威严奢华的大门。下面列举有代表性的几座建筑物。最著名的当属大主教教堂。教堂建于13世纪，1226年开工，1493年完工，耗时200多年。托莱多当时已是统一的西班牙的宗教首都，该教堂是城市的象征。后来教堂多次增建和装修，使哥特式风格的大教堂，又增添了文艺复兴、巴洛克等多种风格。

教堂正面高耸着高达90米的两座尖塔，其中一个是火焰式的尖

圣胡安皇家修道院

顶，另一个是圆顶，令人过目难忘。宏大的教堂有8个大门，仅正面就有地狱之门、赦罪之门和审判之门3道大门。门顶上有一组以“最后的晚餐”为内容的雕塑群，令人印象深刻。教堂里有数不清的木刻、石雕、铸铁、绣帷、彩绘玻璃和宗教画，显示出天主教的奢华风格。其中讲述斐迪南国王和伊莎贝拉女王统一西班牙的故事的浮雕，吸引许多人驻足观看。

圣胡安皇家修道院是哥特式火焰式建筑的典范，建于1476年。伊莎贝拉一世女王与斐迪南国王二世在此地为自己百年后修建了陵墓，但是他们两人最终却决定长眠于南方的格拉纳达。那是基督教徒从摩尔人手中夺回的最后一个城市，标志着西班牙“恢复失地运动”取得了最后的胜利。安葬格拉纳达有取得最后胜利的象征意义。我们眼前的修道院环境幽静，四方形的庭院大方美观，回廊上

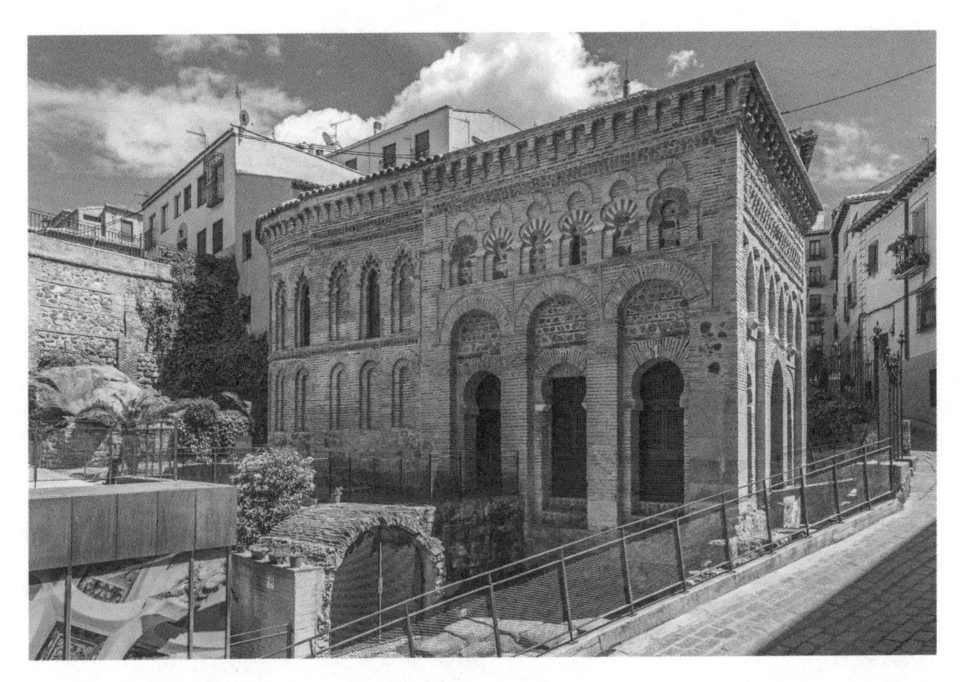

光明基督清真寺

下两层建筑风格不一致，上层是波浪升天式的摩尔式样，下层是规则的哥特式风格。房屋装饰非常华丽，雕刻精美绝伦，院墙的柱子上刻有天主教统一西班牙的徽章。

圣母升天犹太教堂位于旧犹太人街上。据说兴盛时期，托莱多有8座犹太教堂，现在只剩下2座，此座教堂是其中之一。该教堂建于1357年，它记录了犹太人在托莱多的历史。犹太人是托莱多古城最早的建造者之一。据史书记载，公元前586年圣城耶路撒冷被新巴比伦国王尼布甲尼撒二世捣毁时，一些犹太人为避战火移居此地。犹太人带来了犹太教，直到6世纪末西哥特人改信天主教为止，犹太宗教和文化一直在托莱多兴盛。1492年，斐迪南国王二世和伊莎贝拉一世开始进行宗教迫害，将犹太教徒、穆斯林驱逐出境，这座教堂变成了天主教的礼拜堂，然而在教堂的主祭坛旁边的墙壁上，仍

阿卡乍堡　摄影/段亚兵

然留存有希伯来铭文、阿拉伯装饰图案与卡斯提尔王国基督教徽章。这些文字和图案既提供了历史变迁的线索，也是宗教结合的证明。

光明基督清真寺是托莱多的名胜古迹之一，建于999年。清真寺外部有大大小小的圆拱顶，是典型的伊斯兰建筑风格。12世纪时，清真寺加建了一个罗马—穆德哈尔式混合风格的后殿，让这座清真寺也有了多样文化的形态。据说摩尔人时期，全城清真寺多达10多座，而现在仅存这一座。进入清真寺里面一看，见到了难以想象的画面：这里竟然悬挂着耶稣像，也有一些讲述耶稣故事的壁画。清真寺我进去的不多，不知道别的清真寺有没有这种情况，按照我们所知道的伊斯兰教与基督教势不两立争斗的状况，估计在其他地方的清真寺里供奉耶稣的情景可能罕见，这也是证明托莱多宗教文化多样性的一个例子吧。

阿卡乍堡是著名的观光景点之一。这里最早是古罗马帝国的一座城堡遗迹，13世纪时阿方索六世国王将其修建成为军事要塞，要塞的对面山上有一所西班牙陆军军官学校。16世纪时，古堡被国王卡洛斯一世改建为王宫。城堡曾三次被战火焚毁，现在所见到的是一座现代风格的正方形结构建筑物，红色的屋顶，白色的墙壁，城堡四角上有四个方形尖顶塔楼，像是卫兵分兵把守。城堡里设有一座军事博物馆和图书馆。城堡中最有特色的部分，是北面宏大的中央庭院和帝王楼梯，这处房屋可能是古城中唯一一座现代建筑，漂亮是漂亮，但与古城的景观有些不太协调。南边城外塔霍河边有一个观景台，是观看古城的最佳地点，从这里远远望去，阿卡乍堡位于城市最高处，位置显赫，雄姿突出，4个高高耸立的尖塔赫然入目，我们自然在这里拍照留影。

多种文明的厮杀

继罗马人之后，西哥特人是伊比利亚半岛的第二任主人。

西哥特人是哥特人的一个分支，属于日耳曼人。4世纪开始，西哥特人在高卢（现在的法国一带）和西班牙建立起庞大的王国，与罗马帝国对峙。376年，由于受到了从亚洲而来的匈人的打击压力，西哥特人渡过多瑙河，进入罗马帝国，并于410年洗劫了罗马。415年起，西哥特人开始在西班牙定居，并于418年建国，王国的第一任君主名叫狄奥多里克一世，首都设在高卢图卢兹。

507年，在武耶战役中，西哥特军队被法兰克国王克洛维打败，西哥特王国失去了高卢的大部分土地，王国的中心移到了西班牙。就是在这种背景下，托莱多于6世纪中叶成为西哥特王国的首都，西班牙进入了西哥特王国的托莱多王朝时期（572—714年）。

托莱多王朝的第一任国王是利奥维吉尔德。他和他的儿子雷卡莱德统治时期，是西哥特王朝历史上最巩固、最辉煌的时期。当时的西班牙，外有东罗马拜占庭帝国虎视眈眈的威胁，内有各地群雄并起、战乱不止的忧患，但国王应对得当，稳定了局势。584年，国王出兵进攻苏维汇王国的加利西亚，灭了该国。此后国王的称号改为“西班牙—加利西亚王”。

586年，老国王去世，其子雷卡莱德继位，在位时间为586—601年。他早年跟随父亲征战，表现出非凡的军事才能，继位后多次率军南征北战，屡建战功。经过慎重考虑，雷卡莱德皈依了天主教，589年，在托莱多召开了基督教主教会议，成功地说服阿里乌斯教派皈依天主教，实现了宗教统一。这一做法，争取到了奉行天主教的当地罗马居民的支持，促进了各宗教派别文化的融合。托莱多会议改变了西班牙的历史发展方向，具有深远的历史影响。

601年，雷卡莱德英年早逝。从此以后，西哥特王国进入了“八王更迭”的混乱时期，王国由盛转衰。好战的西哥特人虽然统治西班牙近300年，但未能成为这块土地上的真正主人。国王、贵族、教会三方势力犬牙交错，你争我夺，民族和宗教矛盾突出，西哥特王国始终未能实现真正的统一。

710年，西哥特王国再次出现了严重的内乱。国王威帖萨逝世时，公爵罗德里戈被拥戴为王，原国王的家属向隔海相望的北非的穆斯林国求援。援兵是来了，但这些人可不是帮人做好事的善辈，而是一头时刻寻找猎物的饿虎。公元711年7月19日，摩尔人在塔里克·伊本·齐亚德的率领下赢得了瓜达莱特战役大捷，打败罗德里戈的军队。得胜者摩尔人一看这块地方这么好，就有了吞并的打算，举着弯刀乘胜追击，横扫千军如卷席，只用了7年时间就几乎征服了整个西班牙，西哥特王国灭亡，此后穆斯林占领伊比利亚半岛700多年。

这个时候的西班牙，还只是庞大的穆斯林帝国伍麦叶王朝哈里发统治下的一个省，伍麦叶王朝的首都是现叙利亚的大马士革。此时期的中国正是唐朝的景龙四年，皇帝是中宗李显。唐朝对外开放，跟阿拉伯国家有来往，对伍麦叶王朝不陌生，国名翻译成“大食国”。由于该国崇尚白色，国人喜欢穿白色长袍，故中国史书称其为“白衣大食”。半个世纪后，摩尔人造反，独立成国，首都设在南方的科尔多瓦。详细情况后面再讲。

穆斯林占领西班牙后，迅速崛起，势不可当。被摩尔人打败的西哥特贵族不甘心失败，退到北方山区和海岸海角的偏僻落后地区，建立了几个天主教小国家。虽然备受压制，经济发展缓慢，但是坚持了下来，休养生息等待复仇的机会。718年，在一位名叫佩拉约贵族的带领下，天主教国家联合组织军队，在科法敦加打败穆斯林，标志着西班牙天主教国家“收复失地运动”的启动。从这一年该战役开始，到1492年格拉纳达战役结束，“收复失地运动”共经历了8个世纪。

1085年，卡斯提尔—莱昂国王阿方索六世（1040—1109，被称为“勇敢者”）收复了托莱多，随即迁都该城。这座城市的再基督教化开始了。12世纪以后基督教国家迅速发展，基督教人口增加，与北欧接触频繁，“收复失地运动”再向前推进。

北方的众多天主教小国经过一番争斗、兼并，到13世纪中叶，形成卡斯提尔-莱昂、亚拉冈-加泰罗尼亚、纳瓦拉和葡萄牙4个基督教国家。其中的卡斯提尔-莱昂虽然土地贫瘠，农业落后，国力不算强，却是西班牙“收复失地运动”事业中的首领和中坚力量。1479年，卡斯提尔王国和亚拉冈王国联合，更是壮大了打击阿拉伯人的力量。天主教军队越战越勇，攻城略地；穆斯林军队士气低落，节节败退。1236年征服科尔多瓦，1248年征服塞维利亚，独立的伊斯兰王国只剩下格拉纳达，持续了250年之久后，于1492年投降，西班牙统一，“收复失地运动”胜利结束。

托莱多街头的雕塑很多　摄影/段亚兵

多种文化哺育古城

只要在托莱多多转转，多看几座有代表性的建筑，就能够感受到这真是一座多种文化哺育的城市。这座城市里，犹太文明与阿拉伯文明斗奇，伊斯兰文化与基督教文化争艳。斗奇争艳是为了争取信徒，得众信徒者得天下。然而多种文化又共生共长，共存共荣。文化毕竟是香饽饽，能让思想变得可亲，让言论传得更远，能够抹平刀刃的锋利，消除杀戮的血性。因此，对众人喜欢的文化成果大家争着要，就算是别人的，只要好就拿过来自己用。

因此在托莱多能够看到多种文化并存，不管是犹太人的、阿拉伯人的、基督教的，还是文艺复兴时期的，并不是泾渭分明，各占一块地盘，而是完全混合在一起的，你中有我，我中有你。一个教堂的建筑里，下面有阿拉伯式的结构，上面是哥特式的尖塔；左边是罗马式的模样，右边是文艺复兴式的风格。甚至教堂里的圣物都是这样，教堂的大殿里，各种教派的文物同处一室；珍贵的手抄本上，各种文字并列对比；各朝代王室的徽章同挂在一堵墙上；各种风格的油画和雕塑，摆在同一个展厅里供游人参观。

托莱多仿佛是一个浓缩了中世纪历史的水晶球，可以从中看到多种宗教文化挑战与抗争、杀戮和流血、交替而错杂、失败又复兴的错综复杂的历史线索。托莱多被认为是世界上古迹密度最高的城市之一，可以说西班牙所有的文化形态和文明成果都能在这里找到线索和痕迹。因此，1987年12月托莱多被联合国教科文组织授予人类文化遗产城市的称号。

托莱多形成这种不同文化共存共荣的局面，不仅因为这块土地上曾经存在过不同的占领者，经历了多种文化的洗礼，墙头变换大王旗，各领风骚数百年；而且因为一段时间里，占领者对前朝留下来的文化艺术，采取了一种容忍、接纳、吸收、消化的政策，甚至鼓励其继续发展。从这一点，能够看到新统治者在文化上表现出的胸怀和包容态度。

笔者与古城里的堂吉诃德雕像合影

1085年，阿方索六世占领托莱多后，这里变成了卡斯提尔最大的政治社会中心。由于阿方索六世实行和平宽容的政策，当时很多穆斯林居民决定留下不走，与犹太教徒和基督教徒们共同生活。当时的托莱多是基督教、伊斯兰教和犹太教三大文化汇聚之地。在伊斯兰教政权统治期间积累了丰富的阿拉伯文化资产，更使这座城市成为阿拉伯世界的文化知识宝库，吸引了全欧洲希伯来文、阿拉伯文和拉丁文的语言学家齐聚此地。

由于具备以上有利条件，阿方索六世才有可能创办托莱多翻译学院，翻译各种阿拉伯著作，让保留在阿拉伯著作里的古希腊哲学科学思想和阿拉伯人的许多先进知识文化成果，成为西班牙的文化珍品；也才能够为后来的欧洲文艺复兴提供丰富的文化资源。由于翻译了无数有关医学、哲学、数学、天文学和植物学方面的科学论著，托莱多成为欧洲首屈一指的文化重镇。

但遗憾的是，托莱多的文化环境到了15世纪开始恶化。也许当时的君主们认为，曾经从犹太文化和穆斯林文化中吸收了大量养分的基督教文化，如今羽毛丰满，不再需要别人的帮助了。当权者开始大量驱逐犹太教徒，对这座文化多元的城市的良好生态造成了严重破坏。1561年，西班牙国王腓力二世决定迁都马德里，这一决定更让托莱多的政治地位一落千丈，这座城市无可奈何地走向衰落。所幸一段时间里，托莱多始终发挥着全国宗教、文化中心的作用，保留下来许多丰富的文化遗产。如今的托莱多仍然是储藏和展示多种文化资源的宝库，是游人最喜爱的西班牙城市。

托莱多

带水绕山托莱多，
千年古城人称颂。
青藤古桥骑士过，
红日石墙日月行。
众手浇出艺术花，
多线织成文化锦。
雨水浇灭城头火，
青山止戈和平风。

科尔多瓦的辉煌

古城科尔多瓦

科尔多瓦是西班牙安达卢西亚自治区一个非常古老的城市。走在市区的街巷里，有穿越时空、回到远古的感觉。据说最初的城镇是由迦太基人建立的。迦太基在北部非洲（如今的突尼斯），与西班牙隔地中海相望。在科尔多瓦，虽然迦太基的遗迹很少见到，但是打残了迦太基的罗马人的古建筑却比比皆是。

袖珍版的凯旋门有罗马的遗风，高大的罗马柱虽已残破却千年不倒，残垣断壁的古城墙不知经历了多少凄风苦雨的吹打而留存至今。科尔多瓦历史上是兵家所争之地，建有高高的城墙，墙外是深深的护城河。墙头上数不清的枪炮弹洞、战火燎烤的痕迹，述说着政权变换的残酷与血腥；而河面上枯黄落叶随波逐流，却显出一番和平的模样。最让人意想不到的是见到了一座好看的古桥，有17个拱门，与颐和园的17孔桥暗合。也许17是幸运数字，也可能17孔符合黄金分割比例的标准。石块砌筑的桥坚固而厚重，好似一条长龙静卧在瓜达尔基维尔河面上。

西哥特人之后，摩尔人登场了。他们将西哥特人建的基督教教

科尔多瓦大清真寺

堂夷为平地，在原址上建起了大清真寺。大清真寺占地2万多平方米，能够容纳2.5万人。其前半部是庭院，种满了果红叶绿的柑橘；后半部是清真寺的主体建筑。再后来，伊莎贝拉一世女王率军占领科尔多瓦后，又将大清真寺改建为天主教教堂。应该是她看到大清真寺太漂亮了吧，不忍心拆除就进行了改建。大清真寺内修建了一

清真寺内部

阿萨哈拉宫遗址

座哥特式的教堂，但大清真寺仍然基本保留了伊斯兰建筑的风貌。

正殿宽大宏伟，共有19个殿堂。祈祷大厅里石柱极多，大大小小有850多根（据说最初柱子多达1293根），因此得名“千柱堂”。石柱密立如森林，拱廊纵横似迷阵，大量使用彩色花岗岩和大理石，装饰极其奢华，实属罕见。大清真寺是世界上最大清真寺之一，与沙特阿拉伯的麦加大清真寺齐名。

相比这些高大空旷、寂寞无语的建筑物，也许老百姓生活的街巷更有看头。老城区里有条著名的“百花巷”，小巷深深，高墙窄窄，青石板铺地，如果不是这里天气过于炎热，感觉倒有苏州小巷的几分模样。家家户户不满足于自家养花，而是把花花草草展示到街巷里与众人分享，小巷里的墙壁面、窗台上都摆满了各种鲜花，将街巷装扮成花树的隧道，满城花飘香，人间尽风情。进入一家深宅大院里，庭院中央喷泉扬着水花，青藤缠绕鲜花盛开，感觉到一阵清凉。好美的科尔多瓦！

有一处名叫阿萨哈拉宫的王宫值得特别介绍。这座宫殿距离雷莫纳山脉8千米远，是中世纪哈里发王国的宫殿，素有“哈里发凡尔赛宫”之誉。宫殿顺山势而建，形成三级平台，规模宏大，极其铺张，拥有400多个房间。城堡王宫在最上面的平台上，居高临下，盛气逼人；中间平台是宫殿的其他附属建筑和一座小清真寺；最下面的平台是皇家花园，拥有宽阔的池塘和华丽的喷泉。宫殿建于936年，由当时的阿卜杜·拉曼三世下令动工，以其爱妃阿萨哈拉的名字命名。这是一项浩大的工程，征用了上万名工匠和1500多头载运材料的牲口，费时20年，后又经历代国王不断扩建，最终成为如此庞大的建筑群。如今时过境迁，物是人非，宫殿已改为科尔多瓦考古博物馆和阿萨哈拉宫博物馆。（参考资料：菲利浦·希提《阿拉伯通史》）

后伍麦叶王朝

讲西班牙南部的故事，对阿拉伯历史不甚了解的读者可能会产生一些疑惑，这里有必要对阿拉伯崛起的历史做一个简要的回顾。

610年，穆罕默德在麦加创立了伊斯兰教。到他逝世时（632年），一个以伊斯兰教为共同信仰的、政教合一的、统一的阿拉伯国家出现于阿拉伯半岛。中国史书称为“大食”。穆罕默德去世以后，阿拉伯国家的首脑称为哈里发，意为真主使者的继承人，最初的四大哈里发由穆斯林公社选举产生。

661年，叙利亚总督穆哈维亚即位哈里发，以大马士革为首都，建立了伍麦叶王朝。8世纪20年代以后，阿拉伯统治集团之间的矛盾日益激化，内讧不止。阿布尔·阿拔斯联合什叶派，于750年推翻了伍麦叶王朝近90年的统治，建立了阿拔斯王朝，迁都巴格达。中国史书称该王朝为“黑衣大食”。

科尔多瓦的古罗马桥

新王朝建立后，开始了斩草除根式的大屠杀。但大屠杀中有“一条漏网的大鱼”，名字叫阿卜杜·拉曼，他是大马士革第十位哈里发希沙木的孙子。这个20岁的青年化装成老百姓到处流浪。有一天，阿拔斯的追捕杀手突然出现，紧急之中拉曼带着他13岁的弟弟跳入幼发拉底河中，拼命地向北岸游去。追捕人大声喊话，答应特赦，让他们游回来。年纪小、阅历浅的弟弟游回了岸，结果被杀害。而拉曼继续拼命游到河对岸，逃脱了捕杀，又经历千难万险，最后到达了科尔多瓦。当时的科尔多瓦是阿拉伯的一个省，756年，拉曼打了一场胜仗，夺取了政权，建立了一个王朝。该政权在伍麦叶王朝崩溃之后，长期以科尔多瓦为中心统治伊比利亚半岛广大地区，成为欧洲最重要的伊斯兰教政权。科尔多瓦哈里发国被称为后伍麦叶王朝，在中国史书中被称为“白衣大食”。

912年，阿卜杜·拉曼三世继位。他足智多谋，励精图治，扩展了版图，使王朝得到中兴。阿萨哈拉宫就是他为爱妃建的宫殿。在他和继任者的统治时期，科尔多瓦（白衣大食）与阿拔斯王朝（黑衣大食）、法蒂玛王朝（建都突尼斯，中国史书称为“绿衣大食”）相抗衡，形成三国鼎立之势。科尔多瓦成为西方世界里最强大的伊斯兰国家。在文化上，科尔多瓦与巴格达、开罗齐名，成为阿拉伯三大文化中心之一，对阿拉伯文化在西方的传播起到了极其重要的作用。

科尔多瓦的辉煌

科尔多瓦就这样变成了阿拉伯哈里发国的首都，在几代统治者的努力下，成为欧洲规模最大和文化最发达的城市之一，被誉为“世界的宝石”。

在阿卜杜·拉曼三世时期，据阿拉伯史学家记述，当时科尔多瓦市区长38.6千米，宽10千米，建有26万幢建筑物，其中包括700座清真寺、300多个公共浴池、多座有花园喷泉的豪华宫殿、70所图书馆，还有名气很大的大学。人口多达百万，是西方人口最多的城市。在10世纪，这是相当惊人的规模，可以做一个横向的比较：据史书记载，同时期中国宋朝开封的人口在百万以上；而同时期世界上的其他城市，比如巴格达、罗马、伦敦等，城市人口只有数万到20万之间。

科尔多瓦成为当时哲学、历史、语言学、天文学、药物学和植物学等学术研究的中心，使基督教国家都对阿拉伯文明羡慕不已。基督教徒至今仍感谢科尔多瓦的学者们，由于他们的努力才使得古希腊人的学问得以在欧洲再次传播。

在哈里发帝国时代，西班牙是欧洲最富庶的地方之一。制革业、毛纺织业和丝织业很发达。例如，阿拉伯商人将中国的养蚕业传入西班牙而发达起来，还将先进的耕作方法传入西班牙。他们开凿运河用于灌溉，传入稻子、棉花、葡萄、桃、杏、橘、石榴、甘蔗等植物。半岛东南部的各大平原，气候特别温和，土壤特别肥沃，因此发展成为许多重要的城乡活动中心。学者认为，农业的发展是阿拉伯人赠给西班牙的永恒的礼物之一。

当时安达卢西亚民众的文化达到了很高的水平。一位荷兰学者认为："几乎每个人都能读书写字。"而在基督教统治的欧洲，人们只懂得一些初级知识，知识分子很少，且大半是神父。科尔多瓦与君士坦丁堡、巴格达并列为世界三大文化中心。在西班牙南部的安达卢西亚区，科尔多瓦与塞维利亚、格拉纳达鼎足而立，像三颗珍珠散发出灿烂夺目的光彩。1984年联合国教科文组织将科尔多瓦列入《世界遗产名录》。

科尔多瓦后伍麦叶王朝的政权一直维持到了1027年。11 世纪，科尔多瓦成了西班牙境内各个伊斯兰王国争夺的一块肥肉，常年的战火毁坏了科尔多瓦的许多著名建筑。1236年，科尔多瓦被天主教军队占领，后来的200多年里，科尔多瓦成为天主教军队与格拉纳达的穆斯林军队打仗的军事重镇、前哨阵地。连年的战火毁坏了城市的精美建筑，城市蒙上了一层厚厚的硝烟灰烬；不同文化间的争执打斗，让这座阿拉伯文化的名城失去迷人的色彩。如今的科尔多瓦只能回忆昔日的辉煌，在孤独寂寞中叹息。

塞维利亚的文艺范儿

秀丽的塞维利亚

一般而言，拥有河流的城市比较漂亮，塞维利亚就是一座河流穿过的城市，清澈秀丽的瓜达尔基维尔河是安达卢西亚的母亲河，从东北流向西南，经过上游的科尔多瓦，穿过塞维利亚，继续南流进入加的斯湾。

这条大河太美了。清澈的河水，激流处激起白色的浪花，深水处透出碧绿的颜色，喧闹欢笑，奔腾不息，大江涌流，奔向大海。两岸青山环抱，森林苍郁，风光十分秀丽。河流进入城市，缓缓而流，水波不兴，增加了城市的秀气。

河东岸是旧街区，主要的景点都集中于此；新市区延伸到了河西岸。我们的观光路线从东岸的西班牙广场开始，沿河往北面走，先后经过老卷烟厂、大教堂，最后到兵工厂的斗牛场。我觉得这是一条比较好的路线，将最典型的景点尽收眼底。

西班牙广场建于1929年，为当年在该市举办的伊比利亚美洲博览会而兴建。广场是半圆形的，好像是打开的苏州折扇，很有艺术感。广场地面上铺着黑白色石砖，古朴而大方。环绕广场的是半环

塞维利亚的西班牙广场

状大楼，红砖砌就，造型优美。大楼正面有连续不断的拱门，拱门内的墙壁上有一条关于西班牙的知识长廊，镶嵌着介绍各地风俗的瓷砖画，看一遍就相当于读了一堂速成课。建筑物的两端有两座高高的尖形塔楼，像威武的卫兵一样为广场站岗。广场前面有一条大道，直接通往不远处的瓜达尔基维尔河，顺着河流南下可以到达大海，再乘坐轮船、穿过大西洋就到达了美洲。所以，在此地举办美洲博览会有充分的道理。

当年的哥伦布就是从这里出发远航探险。后来的麦哲伦也由此踏上征程去美洲，在新大陆发现了麦哲伦海峡。接着，美洲的黄金白银大量地运到这里，堆积如山的金银打造了这座城市的黄金时代。塞维利亚设立“西印度群岛（即美洲）交易之家”，因垄断了西班牙的海外贸易而达到了鼎盛。但后来，也许是河道慢慢地淤积，也许是货运量越来越大，满载的商船已经很难通过河流直接进

⊙ 黄金塔

入塞维利亚，于是1717年，“交易之家”迁移到了60千米外的加的斯港。这一变动造成了塞维利亚的一度衰落。1928年，瓜达尔基维尔河经过疏整后，塞维利亚恢复了海外贸易，举办美洲博览会的良机，更是让塞维利亚再次焕发了青春。

一路北行，我们来到了老卷烟厂。之所以名叫“老卷烟厂”，是因为18世纪时这里建起了西班牙第一座卷烟厂，美洲原产地的烟草源源不断地运到这里，加工成各种时髦的香烟，远销到欧洲各国。如今这里已经变身成为塞维利亚大学法学院，眼前的建筑模样像是宫殿，饱经沧桑的砖瓦难辨年代，如果这就是老卷烟厂原来的楼房的话，那当时的卷烟厂建得也太豪华了。歌剧《卡门》讲的故事就发生在这里，吉普赛女郎卡门是该厂的一名女工，她的爱情故事传遍了全世界，老卷烟厂也因此出了名。因为一部歌剧里一位虚构的女主角，让老卷烟厂比塞维利亚大学更出名，这真让人想不到。

现在我们要向西拐一下，去看河边的黄金塔。黄金塔是塞维利亚的象征。塔身横截面为正十二边形，外墙装饰着金色的陶砖。塔身并非上下一般粗，而是下部粗壮，上部变细，有点像酒瓶。我们眼前的黄金塔，在夕阳照耀下闪闪发光，发出金黄的色彩，果然名不虚传。河对岸还有一个八角的银色塔，两个塔之间曾有碗口粗的铁锁链，如果敌军的战船从河流上打过来，或者有可疑的商船需要检查，就拉起铁锁链封锁海面。虽然防守如此严密，但守卫要塞的阿拉伯军队最终还是战败，此城落入天主教军队手中。此史此景，让我突然想起了刘禹锡的那首诗："千寻铁锁沉江底，一片降幡出石头。"悠悠历史，总是会上演一些情节相似的片断。现在的黄金塔里设立了一家海事博物馆。

从河边回来继续北行，来到了古王宫。古王宫名叫阿尔卡萨宫，精致秀美，建筑风格是阿拉伯式与欧洲式的结合。金色的圆顶，在蓝天的映衬下更显得辉煌；古朴的建筑，饱含着历史的沧桑。墙壁上有令人眼花缭乱的花纹：花草型的图案、几何形的拼图、线条优美的花纹，最能表现出阿拉伯文化的精妙之处。多种式样的廊柱拱门尤其令人印象深刻：梳齿形的花拱门、马蹄形拱门、圆形拱门，连续不断，循环往复，表现出流动的美感。中庭的水池清澈静美，橘子树和柠檬树亭亭玉立，绿色的草地平整得如同地毯。

有人说，这里可与格拉纳达的阿尔罕布拉宫媲美，虽然规模大小不同，但是精美的程度真有几分相似。1987年，阿尔卡萨宫被联合国教科文组织列入世界文化遗产名录。建筑此宫时，塞维利亚其实已经落入卡斯提尔王国的手中。当时的国王名叫佩德罗一世，对伊斯兰教文化很着迷。他不但极力保护该王宫的原模样，而且要求王宫里的工作人员要身着阿拉伯服装，说阿拉伯语……一切要保持原汁原味。他这样做的原因不难理解，当时西班牙南部的阿拉伯文化水平要比北方的天主教文化先进得多，令他心生钦慕。这又是一个征服者被被征服者先进文化所征服的例子。如果多几个像佩德罗一

阿尔卡萨宫

世这样的英明君主，今日的西班牙一定会更加不同凡响。

再往北边走就是大教堂，这可能是塞维利亚最为骄傲的文化遗产。这块不大的土地上，上演了一出出朝代兴亡变换的历史连续剧。最早是西哥特人在这里建了一座天主教堂，后来阿拉伯人拆掉教堂建起了阿哈马清真寺，再后来卡斯提尔又将清真寺改建成了天主教堂，但该天主教堂毁于地震。1401年，这里又开始兴建一座世界级规模的天主教堂，施工期长达204年，直到1606年才完工。这座教堂建筑规模极其宏大，仅次于梵蒂冈的圣彼得大教堂、米兰大教堂，是世界排名第三大的哥特式天主教堂。建筑风格主体属哥特式，但也融合了阿拉伯、文艺复兴、巴洛克等建筑元素，成为一座完美的建筑艺术精品。

教堂有9个大门，精致的雕刻装饰美不胜收。值得一提的是阿拉

塞维利亚大教堂

伯风格的北门宽恕门，进入大门，眼前是一片果红叶绿的橘子林，这是阿拉伯宫廷里常见的景色。教堂有5个大厅。主厅宏大空旷，粗壮的圆柱擎起巨型的穹顶，穹顶和墙壁上装有彩绘玻璃，阳光透过玻璃将五彩斑斓的光线洒满大厅，空间里弥漫着神圣的气氛。教堂里的装饰极其奢华，收藏了大量的西班牙艺术大师的雕塑、绘画作品，增添了艺术的氛围。

教堂的一个大厅里设有哥伦布博物馆，墙面上有哥伦布远航探险的壁画，地面上摆放着一具铜棺，里面安放着哥伦布的遗骨，据说遗骨是1890年从哈瓦那运回国的。棺椁外面雕刻着卡斯提尔、亚拉冈、莱昂和纳瓦拉四个王国的骑士雕像，日夜保护着这位伟大航海家的灵魂安宁。

教堂里最为独特的部分要算近百米高的钟楼。钟楼的尖端有一座女神雕塑，从楼下望上去雕塑似乎并不大，但实际上这是一个高4

塞维利亚皇家骑士俱乐部斗牛场

米、重1吨多的青铜件。据说起风时，这个青铜雕塑能够随风旋转。塔楼由此得名“风向标”。

本来参观完大教堂，今天的行程可以结束，但是大家兴头正高，又有时间，导游建议我们再往前面去看看兵工厂斗牛场。该场地正式的名称叫皇家骑士俱乐部斗牛场，建于200多年前的1761年，是西班牙最古老的圆形竞技场。斗牛场规模巨大，导游介绍说能容纳1.2万名观众。看外观，木质的门窗、雪白的墙壁，挂着一些以斗牛为主题的抽象木雕，显得十分雅致。进入斗牛场内一看，与大型体育场布局相似，中间是斗牛场地，四周围绕着看台。看台最高处有一圈立柱、拱门的连廊，感觉阿拉伯风格的味道很足。这里还设有斗牛博物馆，如果对此有兴趣可以细细观看和研究。只可惜我们时间有限，不能安排在这里看一场最地道的斗牛比赛。

走出斗牛场，我看到了《卡门》歌剧里吉普赛女郎卡门的雕像。按照歌剧里讲述的故事，当卡门的新欢、斗牛士埃斯卡米里奥在斗牛场斗牛取胜赢得荣耀时，旧情人何塞在极度嫉妒绝望的情绪中，在这里杀死了他深爱的卡门。

变幻莫测的命运

让我们接着讲述塞维利亚的故事。科尔多瓦的哈里发帝国灭亡后，群龙无首，一夜间冒出了许多阿拉伯小国厮杀争雄。争斗中塞维利亚的阿巴德族崛起，成为各小国的领头人，占领了科尔多瓦等许多地方。阿巴德族王朝（1023—1091）的首领自称穆阿台米德（意为祈求天佑者）。

这段时间里，北方的天主教国家加强了“收复失地运动”的攻势。对塞维利亚威胁最大的是卡斯提尔—莱昂王国。当时的国王是阿方索六世。穆阿台米德不胜压力，向地中海对岸的穆拉比特王朝求援。对此许多批评者认为隐藏着危险，他们警告说：“一支鞘里不能插两把宝剑。”穆阿台米德回答说：“我宁愿到非洲去放驼，也不愿到卡斯提尔去放猪。”

穆拉比特王朝国王优素福接受了邀请，进军西班牙南部。在一个叫宰拉盖的地方，柏柏尔人的军队与基督教的军队遭遇。阿方索六世大败，死里逃生，抛下大量的死尸，光是首级就组成了一座塔。柏柏尔人来到西班牙后，看到安达卢西亚是富庶之地、文明之乡，比摩洛哥好得多，就乐不思归，反客为主并吞了整个西班牙。原国王穆阿台米德被押解到摩洛哥，在极端贫困中死去。

穆拉比特王朝以马拉喀什为首都，塞维利亚为陪都，是一个短命的王朝（存在85年）。1147年，经过11个月的围攻，穆瓦希德占领了马拉喀什，改换了朝代。该王朝是摩洛哥有史以来最大的王朝。

1170年，穆瓦希德王朝迁都塞维利亚。这个王朝热衷于打圣战，但胜少败多。1212年，天主教军队与穆斯林军队决战于托洛

塞维利亚的一座桥十分美观

萨，这个地方离科尔多瓦有100多千米。该战役在历史上很有名，天主教徒叫托洛萨战役，阿拉伯人叫小丘之战。天主教联军由卡斯提尔的阿方索八世统帅，穆斯林军队由哈里发穆罕默德·纳绥尔领军。两军对垒激战，穆斯林军队惨败，60万的军队仅有1000人逃脱。经此战役，穆瓦希德人在西班牙的统治被完全推翻了。1248年，塞维利亚被天主教军队占领。

此后，西班牙南部的阿拉伯人只剩下一些小国，其中最突出的是格拉纳达的奈斯尔王朝，是穆斯林政权的最后代表。

特别文艺的城市

塞维利亚给我的特别印象是文艺气息非常浓，说一句时髦的话，这座城市特别有文艺范儿。有几篇著名的文艺作品以此城市为故事发生地，让这座城市蜚声世界。

梅里美和比才的《卡门》

《卡门》先是法国作家梅里美于1845年创作的中篇小说，后由法国作曲家比才根据小说于1874年创作成歌剧。该剧成功地塑造了一个吉普赛姑娘卡门的形象。卡门是烟厂的女工，美貌惊人，生性率真，浪漫热情，敢作敢为。她引诱了士兵班长何塞，致使他被军队开除，又诱使他与自己一同走私犯罪。后来卡门却移情别恋爱上了斗牛士埃斯卡米里奥。在人们为斗牛士斗牛取胜而欢呼时，极度嫉妒绝望的何塞杀死了卡门。

《卡门》第一次将社会最下层的人作为歌剧的主人公，将卡门塑造成一个追求人生自由的"恶之花"。通过这部歌剧，可以看到流浪而浪漫的吉普赛人的生活画面，欣赏刚劲而妩媚的弗拉门科歌舞，领略勇敢而血腥的斗牛场面，了解安达卢西亚的社会风情和人物性格。歌剧故事情节奇特，舞台布景华丽，人物塑造成功，音乐旋律优美，非常好看。

前文说过，我在塞维利亚看到过好几处与卡门有关的场景。古老的烟厂，何塞就是在这里值班而对卡门产生恋情的；豪华的斗牛场，卡门就是在这里惨死在何塞匕首下的。

卡门本来是文艺作品中虚构的人物。但是在塞维利亚竟然被说成是真人真事，这是城市旅游部门吸引观光客人的一个高招。不过仔细想一想，文艺作品源于生活又高于生活。就单独的人来说，卡门可能不存在，但如果把她分身成若干个人，塞维利亚的卡门可能有千千万万。因此，在这个地方讲卡门的故事，应该是真实的，至少游客们愿意相信真有其人。

罗西尼的歌剧《塞维利亚的理发师》

该歌剧是以法国作家博马舍的同名讽刺喜剧为蓝本，由意大利剧作家斯泰尔比尼编剧、意大利作曲家罗西尼谱曲的二幕喜歌剧。故事发生于18世纪的塞维利亚。

年轻的伯爵阿尔马维瓦与美丽富有的少女罗西娜相爱。贪婪的医生巴尔托洛打着罗西娜的主意，由于他是罗西娜的监护人而有方便条件。伯爵在机智正直的理发师费加罗的帮助下，冲破巴尔托洛的阻挠，终于和罗西娜结成了良缘。

莫扎特的歌剧《费加罗的婚礼》

《费加罗的婚礼》是根据法国戏剧家博马舍的同名喜剧改编，由意大利著名诗人洛伦佐·彭特改编成意大利语脚本，由莫扎特作曲的一部喜歌剧。这部剧是莫扎特歌剧的巅峰之作，也是广为中国乐迷所熟悉的作品。从故事情节看，《费加罗的婚礼》是《塞维利亚的理发师》的续篇。

故事发生于18世纪中叶，地点在塞维利亚附近的阿尔马维瓦伯爵堡邸。阿尔马维瓦伯爵虽与罗西娜结为伉俪，但这位花花公子仍然天性风流，寻花问柳。费加罗此时的身份是主人家的男仆，正与女仆苏珊娜相爱，谈婚论嫁。伯爵提出要享受苏珊娜的初夜权（这是当时的丑恶习俗）。于是，费加罗、苏珊娜和伯爵夫人罗西娜一起设计了巧妙的圈套，捉弄伯爵，让他的妄想落空。

威尔第的《命运之力》

歌剧《命运之力》由意大利著名剧作家皮亚韦编剧，意大利著名作曲家威尔第谱曲。故事发生于18世纪末的塞尔维亚。故事是个悲剧，说的是几个年轻人情爱仇杀的故事，情节比较复杂。讲的道理是：作孽者必有恶报，出来混总是要还的。

拜伦的《唐璜》

乔治·拜伦是英国19世纪初期伟大的浪漫主义诗人。《唐璜》

是拜伦的代表长诗之一，诗中表现了主人公唐璜的善良和正义。通过唐璜的种种奇遇，描写了欧洲社会的人物百态和社会风情，画面广阔，内容丰富，堪称一座艺术宝库。《唐璜》故事发生的最初地点是塞维利亚。

为什么塞维利亚能够成为文艺作品喜欢描写的一个城市呢？大概是因为其具备了几个条件。一是当时的塞维利亚是世界上最富有的城市之一，拥有雄厚的经济基础。有钱的人多，喜欢找乐子，追求丰富的文化生活；有钱的城市，才有条件建设美丽的百花园。二是这是一个十分开放的城市，有设施完善的港口、前往欧洲各地和美洲的航线。开放城市空气是新鲜的，水是活的，容易吸引最优秀的人才，一流的人才才可能创造出一流的作品。三是杂交融合的文化环境。这座城市里天主教文化与伊斯兰教文化多重杂交，深度融合。杂交的文化具有强大的生命力，融合的文化丰富而多彩。塞维利亚所拥有的这种得天独厚的条件，成为最有利的环境，让艺术家们才思泉涌，百花争艳。所以说，无财力难以扶持文艺精品，无君子难养艺人。这种“塞维利亚现象”，在后来的英国伦敦、美国纽约、中国上海等名城反复出现。

曾经风情万种的塞维利亚，后来由于种种原因逐渐衰落，像鲜花怒放之后终究凋谢。但是，它那曾经鲜活的世俗百态、精彩的历史场面，却像绘画大师笔下的油画、摄影专家镜头里的景象，永远定格在那一瞬间。

格拉纳达的最后一战

格拉纳达投降

早在711年摩尔人占领西班牙时，穆斯林马队的铁蹄就踏到了格拉纳达。

当塞维利亚的埃尔莫哈得王朝灭亡时，穆罕默德设法在格拉纳达为自己创立了一个苏丹国家，使其在后来的250年间，在反抗基督教势力中，扮演了伊斯兰教捍卫者的角色。

穆罕默德自称“加里卜”（意为“胜利者”），他和他的继承者却向卡斯提尔王朝称臣纳贡。在250年间，该国传位传了21位苏丹。此时在北方天主教领土上，由于女王伊莎贝拉一世与斐迪南国王二世联姻，卡斯提尔与亚拉冈联合起来，势力强大，南方的格拉纳达处于极度危险中。

压死骆驼的最后一根稻草落下来了。名叫阿布·哈桑的第19位苏丹，不满意仆从国的地位，开始与北方天主教王国作对，不仅拒绝交纳照例的贡税，而且向北方发起攻击。在这个紧要关头，阿布·阿卜杜拉在母亲艾莎的唆使下反叛他的父亲哈桑。后来哈桑却让位给他能干的弟弟穆罕默德十三世。伊莎贝拉一世利用了对手家族的矛盾，支持阿布·阿卜杜拉，给人又给钱，让他去进攻他的叔父并占领了叔父首都的一部分，再一次让格拉纳达陷入内战中。

1490年，女王伊莎贝拉一世和斐迪南国王二世率领10万大军南征，攻下许多城池，摩尔人步步败退。最后轮到了格拉纳达。伊莎贝拉一世亲自督战。爱美的女王平素一身洁白，每天要沐浴更衣4次。在战场上，她发下重誓：不夺取格拉纳达决不脱下自己的战袍。双王要求阿布·阿卜杜拉交出城市，陷入绝望的守军最后打开城门投降了。1492年1月2日，北方军队进入了格拉纳达。伊莎贝拉一世亲吻了格拉纳达的土地，与她的丈夫斐迪南国王二世一起进入阿尔罕布拉宫。

当末代苏丹阿布·阿卜杜拉骑马离开祖国时，他回头看一眼自己曾经的首都，泪如泉涌。他那位教唆他叛国的母亲回过头来责备他说："你未曾像男子汉一样保卫国土，怪不得要像妇女一样流涕痛哭。"斐迪南和伊莎贝拉一世没有遵守商议投降协议时答应宽待格拉纳达的诺言。1609年，所有的穆斯林实际上都被逐出了西班牙。自格拉纳达陷落的200多年里，约有300万穆斯林被放逐或被处死。

天堂般美丽的城市

在我看来，格拉纳达是西班牙少有的美丽城市之一。格拉纳达在西班牙语里是石榴的意思，因为市郊有大片石榴树林而得名。石榴籽晶莹剔透，倒是有点像城市的特点。当地一位诗人将格拉纳达比作美女，也恰如其分。还有作家称赞格拉纳达是"梦幻般的世界"，说得也有道理。

格拉纳达美丽是因为地貌多样，景色迷人。有山，有水，有海滨。山是海拔3478米的穆拉森峰，这是伊比利亚半岛上的最高峰，大多数时间顶峰都是白雪皑皑。这里是欧洲最南端的滑雪胜地，可以享受到冰雪世界的体育乐趣。水是碧绿清澈的达罗河，从城边流

格拉纳达阿尔罕布拉宫

过，增加了城市的妩媚。这座城濒临地中海，可以在洒满阳光的金色沙滩上享受日光浴，蓝天白云，阳光灿烂，清风和畅，让人感到舒适无比；山峦苍翠，河流蜿蜒，平原金黄，构成美丽的图景。古城悠久的历史魅力四射，居民年轻的脸庞活力洋溢。这样的自然条件人间少有。

在安达卢西亚，科尔多瓦、塞维利亚和格拉纳达形成了历史文化名城铁三角，观光资源丰富多彩。而格拉纳达尤胜一筹。历史上风云际会，朝代变化，多民族共处一城，让这座城市成为东西方文化的交点、欧非文化的熔炉。阿拉伯文化留下了浓墨重彩，犹太文化留下了深邃思辨，基督教文化留下了铁血强权。各种流行艺术碰撞而融汇，多处文物遗迹并存而争艳。山谷中的清风却未曾留心人间血腥争夺的喧嚣声，高高的山岗注视着人间兵燹惨象而不置一词，山河依旧，绿水长流。

格拉纳达城市不算大却处处有名胜古迹，街道虽狭窄但景色十分优美。以下介绍几处给我留下深刻印象的景点。

首先要说的是红宫。格拉纳达的东南边上有一个险要的高台地，开国的苏丹在这里建筑了名叫阿尔罕布拉宫的城堡宫殿。名叫“红宫”，是因宫墙上涂着红色泥灰。经过继承者屡次的扩建和修

红宫内的狮子天井

饰，红宫变成了西班牙建筑史上的经典之一。红宫建筑规模巨大，分为古堡遗址、皇宫内院和御花园区域，高大的城墙环绕，数十座塔楼拱卫，建筑群掩映在参天树林中。

红宫的建筑巧夺天工，被穆斯林视为“通往天堂的通道”。宫内有清波荡漾的池塘，典雅廊柱与马蹄形拱门倒影印在池水里；塘边四季常青的桃金娘，被剪成精致的绿墙；四周的地面铺满晶莹的大理石，奢华的地面让人不忍踩踏。最负盛名的要算狮子院，环绕着124根大理石圆柱，支撑着四面拥有马蹄形拱门的长廊，天井中央有座大型的白色大理石喷水池，池座周围有12头大理石狮子，狮子天井的名称由此而来。石狮造型古朴，雕刻细腻，看来就喜欢狮子而言，阿拉伯文化与中国文化有相同点。

令人印象最深刻的是随处可见、精美无比的装饰，集阿拉伯艺术之大成。天花板的精刻雕花、大理石柱上的镂空花纹，图案之复杂令人目眩；墙壁上形象生动的浮雕、几何图形的绘画，刀工笔法之细致让人暗暗吃惊；四处可见由花卉、簇叶和文字线条交织成的复杂图案，让人领会到阿拉伯艺术的精髓。

西班牙的格拉纳达虽然将阿拉伯人王朝的血脉延续了250年，但当时北方天主教国家的势力如日中天，阿拉伯王朝的灭亡已没有悬念。红宫在战火纷飞、朝代更替，特别是审判异教徒的血腥年代里能幸免于难，大致保护完整，实属奇迹。也许是看到红宫太美了，女王伊莎贝拉一世下令保护红宫不被破坏。从这件事上可以看到女王不俗的艺术眼光和包容的胸怀。

如果将格拉纳达比作穿着白色纱衣的女王，红宫就是镶着耀眼红宝石的皇冠。有人评价说，西班牙有1400多座宫殿，没有一座比得上阿尔罕布拉宫富丽堂皇。红宫是伊比利亚半岛上最古老的伊斯兰宫殿，是最完美的阿拉伯艺术结晶。1984年，阿尔罕布拉宫被联合国教科文组织列为世界文化遗产之一。

其次要说说大教堂。这是一座哥特式的建筑，1518年开工、1704年完工，至今已有400多年的历史。不用说，大教堂肯定是天主教国家征服格拉纳达后兴建的项目。这座教堂用大理石砌成，外形雄伟壮观，三个巨大的拱形结构显示出独特的风格。

广场上我们看到了一座伊莎贝拉一世和哥伦布的雕像。尊贵的女王优雅地坐在椅子上，殷勤的哥伦布单腿跪在她的身边，在向她汇报自己的设想。这座雕像让我们想起来，正是在伊莎贝拉一世指挥军队攻打格拉纳达的硝烟弥漫的岁月里，哥伦布前来找女王向她兜售自己大胆的航海计划。

教堂内装饰得富丽堂皇，有精美的浮雕、塑像和油画。特别值得一提的是地下室的小教堂里，安葬着女王伊莎贝拉一世和国王斐迪南的遗体。棺柩上两人的石像雕工精细，上方还有一组歌功颂德的大型浮雕。我在托莱多参观时，曾经在一个修道院里看到留给两

大教堂广场上有一座伊莎贝拉一世与哥伦布的雕像

人的墓穴，他们原来打算最后叶落归根回托莱多的。但是，在拿下格拉纳达后，也许是为自己完成统一西班牙大业的丰功伟绩感到骄傲吧，就做出将自己身后安葬在格拉纳达的决定。

1492年，对于西班牙来说异乎寻常，发生了两件大事：天主教国家的军队在格拉纳达打败穆斯林的最后一个王朝，统一了西班牙；在伊莎贝拉一世的支持下，哥伦布发现了新大陆。

阿拉伯人的贡献

穆斯林的西班牙，在欧洲中世纪的智力发展史上，写下了光辉的一章。在8世纪中叶到13世纪初这一时期里，说阿拉伯语的人民，是全世界文化和文明火炬的主要举起者。有了他们的努力，西欧的文艺复兴才有可能。

我们可以随便举几个例子。阿拉伯文学遗产极其丰富。阿拉伯人特别喜欢作诗，最能领会诗歌的优美音调和绝妙的措辞。塞万提斯所著的《堂吉诃德》，就写于塞维利亚。他自己说过，他这部书是以阿拉伯语的著作为蓝本的。

阿拉伯人对高等教育也有贡献。格拉纳达大学是奈斯尔王朝的第七位苏丹优素福·哈查只（1333—1354年在位）创办的。大学门口写着这样的铭文："世界的支柱，只有四根：哲人的学问、伟人的公道、善人的祈祷、勇士的汗马功劳。"

阿拉伯人把中国的造纸术传入了欧洲。造纸术先从中国传入摩洛哥，12世纪中叶再从那里传入西班牙。要是没有纸张，15世纪中叶在德意志是不可能使用活字印刷术的；要是没有纸张和印刷术，欧洲也不可能具有相当规模的普及教育，当然也谈不到后来发生的文艺复兴运动。

阿拉伯人最擅长的科学是植物学、医学、哲学和天文历算等。这方面也举几个例子。

10世纪中叶后，西班牙的天文学研究得到了科尔多瓦、塞维利亚、托莱多等地统治者的特别爱护。艾卜勒·麦只里帖是西班牙穆斯林最早的重要科学家，他校订过花剌子模的行星表，这是穆斯林天文学家的第一个历表，对著名的托莱多历表影响很大。

11世纪最著名的地理学家是艾卜·白克里，他是西方穆斯林有著作流传下来的最早的地理学家，他的大部头地理学著作《列国道路志》让他声名大噪。他活动于科尔多瓦，1094年去世。还有一个名叫伊本·白图泰（1304—1377）的摩洛哥阿拉伯人，他游历了整个穆斯林，也到过中国。他的作品中数游记最有名。

阿拉伯人的地理学研究，保持了古代的地圆说。没有这种学说，发现新大陆是不可能的。该学说的代表是西班牙巴伦西亚人艾卜·巴伦西。哥伦布看了他的书，才相信大地像一个梨子，才执着地要去远航探险。

在数学方面阿拉伯人的贡献也很多。零号（0）是数学上最伟大的发明。阿拉伯人并不是零号的发明人，但是他们不仅把零号和阿拉伯数字一道传入欧洲，而且教会西方人如何使用这种最方便的发明。早在9世纪，花剌子模首先主张用这一套数字和零号代替阿拉伯原有的字母计数法。这些数字叫作印度数字，表示其发源于印度。意大利比萨人利奥纳多曾受教于一位穆斯林数学家。他出版了一部著作，这是阿拉伯数字传入意大利的里程碑，也标志着欧洲数学的开始。

西班牙的阿拉伯知识分子的最大成就是在哲学思想领域内。希腊的哲学家们所发展的哲学和希伯来的先知们所发展的一神教，是古代西方和古代东方最丰富的文化遗产。有人说，这“两希”是近代西方文明的两大来源。而把这两大思潮加以调和并传入欧洲，是伊斯兰教的思想家在长达两个世纪中所做的贡献。

自1085年基督教收复托莱多城以来，这个城市一直保持着作为伊斯兰教重要学术中心的地位。由于雷蒙一世大主教（1126—1152年）的倡议，这里成立了一个正规的翻译学校。托莱多也创办了欧洲的第一所东方语言学校，在向西方传送阿拉伯学术的过程中，起了重要的通道的作用。

菲利浦·希提在《阿拉伯通史》一书中引用了西班牙一位作家的这样一段话：“摩尔人被放逐了；基督教的西班牙，像月亮一样，暂时发光，但那是借来的光辉；接着就发生了月食，西班牙一直在黑暗中摇尾乞怜。”近代欧洲，随着民族国家崛起，出现了他者与我者对立、迫害异族与异教徒、致对方于死地的惨象。

回想西班牙的天主教刚开始战胜伊斯兰时，实行的是一种宽容政策，大胆起用阿拉伯学者，让西班牙成为中西文化融合发展的中心，当时世界的科学学术和文化艺术的高地。但后来西班牙开始实

古老的城堡下是白色的村庄

行宗教压迫政策，杀害和放逐异教徒。托莱多、科尔多瓦、塞维利亚、格拉纳达等城市，都出现了类似的情况，让西班牙的世界学术界先进地位出现了逆转。假设西班牙的天主教政权一直能采取宗教宽容政策，让穆斯林的知识分子能够继续从事自己的研究活动，那西班牙在世界上会是什么样？一直保持先进势头是没有问题的，也许文艺复兴运动最早出现在西班牙也不是没有可能。因为走向了错误的方向，西班牙后来“发生了月食”，在拥有阿拉伯一流人才又在美洲拥有黄金山的情况下，竟然在相当长时间里“处于黑暗中摇尾乞怜”，这是令人遗憾的事情。

第二章

海上竞争

西方后来者居上

大西洋海滨的名城

里斯本印象

我在里斯本待的时间不算长，但是留下的印象却不浅。

这座城市最大的特点是“水”。濒临大西洋已经得到了上帝的恩眷，城市南端竟然还有一条大河流淌而过。这条河名为太加斯河，浩浩荡荡流过市区注入大西洋，河面宽达3千米，水面宽阔，横无际涯，看不出是河流，已经与大西洋的海水混为一片。河面虽宽，却挡不住人们建桥的欲望，1966年，人们在宽阔的河面上建起了一座钢索悬桥，长2278米，主桥塔高190米，桥面高于水面70米，是欧洲最长的钢索悬桥，当时世界排名第三，名为太加斯大桥（又名四月二十五日大桥），是里斯本的地标之一。南岸青山如黛，北岸市街一片，河畔有宽敞的广场、绿地和花园，河面上有巨轮穿行，美丽景色赏心悦目。海深河宽的良好条件，让里斯本成为大西洋上一颗贸易中转的港口明珠。

这座城分为新旧两个区。新区也称西区，主要指的是贝伦区；旧区也称东区，以阿尔法玛区为代表。新区是宽敞整洁的现代化城区，与欧洲许多城市样子差不多。而真正有特色的是老城区，由公

阿尔法玛老城

元8世纪后占领了这里的摩尔人所建，呈现出中世纪、阿拉伯建筑的风格，古旧却不乏温馨，凌乱却富有情趣。

先说旧城。当年的摩尔人喜欢东区这片登高望远、俯瞰水滨的高地，建起了一片高级住宅区，供摩尔人的统治阶级居住。几百年时间里，这里始终是城市里最耀眼、繁华的闹市区。

走进老城区就像进了迷魂阵，石板铺就的羊肠小道纵横交错，坡度很大。在这里行走，忽而拾级登高，忽而下阶落低，气喘吁吁却也兴致盎然。街道两旁是一排排的旧房老屋，虽然陈旧却带着阳台和庭院，这是另一种豪华。有些小巷十分狭窄，路人对行要侧身相让。巷子的对面两家邻居，可以在阳台上握手，聊天。这让我想起了深圳城中村的"握手楼"。

窄狭的街道上，老式的有轨电车缓慢爬行，车上的铜铃叮当作响地提醒行人小心让开。这种电车十分适合闲逛的游客，慢慢行走于街巷，透过宽敞的车窗可以饱览老城的街景。然而有一点让人担忧：车厢比较拥挤，小偷又多，要特别留心自己的钱包。最妙的是，城市里有一种特有的升降缆车，铁塔上电梯上下运行，将行人迅速从低处的热闹街区送到高层的宽敞广场，免去游人绕道爬坡之苦。这又让我想起了重庆长长的扶手电梯，两者相比，各有妙处。电梯塔楼顶端的宽阔阳台上设有露天咖啡座，观景视野极佳。我们在这里小憩一会儿，品着咖啡，一览全城秀丽的景色。

后说新区。新区有宽敞整洁的林荫大道、栉比鳞次的高楼大厦，景观与欧洲的许多城市雷同。我们的路线从庞巴尔广场到自由大道，从罗素广场到帕克斯利亚地区，从商业广场到阿尔法玛地

乘坐老式的有轨电车在老城区观光

里斯本帕拉查商务广场

区，这些都是里斯本最好的观光区。如今城市的模样越来越相像，这可能是快速城市化共有的现象，中国也不例外。“景观一致化”是现代化不可避免要付出的代价吧。

城市特色景观

里斯本也有大量富有特色、值得参观的项目。下面列举几个。

自由大道南端有一个复兴广场，广场中央矗立着一座30米高的方形尖塔，这是一座纪念碑。1640年12月，民族意识觉醒的葡萄牙人，举起起义旗，打响第一枪，发动了脱离西班牙统治的独立战争。这座纪念塔就是为纪念在独立战争中阵亡的官兵而修建的。

商业广场河对岸有一处小山，山上耸立着一座巨大的耶稣雕像，与巴西里约热内卢科科瓦多山顶的耶稣巨型雕像有几分相似。

贝伦塔

雕像内部有数十层楼，有电梯直达顶端。站在顶端的瞭望台上，可以眺望整座城市的景观。繁忙的港口里停泊着大大小小的巨轮货船，远处是波涛万顷的大西洋，水汽蒸腾，烟波浩渺，很容易让人联想起极具冒险精神的葡萄牙水手，当年他们就是从这里出发，穿越大西洋去寻找新大陆，实现自己的探险梦想。

位于贝伦区的贝伦塔是里斯本的地标之一，建于16世纪，塔的模样是文艺复兴式的，坐落在太加斯河口，据说原来白塔漂浮在蓝色的海中，浪花拍打着塔身很有沧桑感。可我们眼前的塔身下只是一片浅滩，少了那种“浪拍空塔回声传”的感觉。事实上，最初这是一座建在河口的炮台要塞，塔高36米，既是观察台，又是炮塔，牢固地守卫着城市的河口大门；一段时间里又用作航海灯塔，指引着回程的航船安全地进入港口。后来数度修复和改建后，成为一座结构复杂的古堡。如今贝伦塔被联合国教科文组织列为世界文化遗产。

航海发现纪念碑

贝伦塔与航海家达·伽马关系密切。1497年，他率领葡萄牙帆船舰队，从这里出发摸清了通往印度洋的海上航路。6年后，他在这里接受了国王唐·曼努埃尔一世的隆重欢迎仪式。有人贬低达·伽马的航海成果，说他只是从印度运回来一些胡椒。但国王不这么看，他认为达·伽马劳苦功高。他的航海探险不仅让葡萄牙通过胡椒等海上贸易致富，更重要的是打通了前往东方的海洋贸易路线，开启了葡萄牙航海事业的黄金时代。

最值得介绍的是发现者纪念碑（又名航海发现纪念碑）。纪念碑坐落于帝国广场旁的太加斯河北岸，用乳白色大理石雕刻，雄伟壮观。如果从正面观看，一组群雕基座上高耸的碑柱直插蓝天，碑柱上竟然镶嵌着一把巨大的宝剑，这提醒着人们：葡萄牙航海家们的航行绝对不是和平之旅，而是刀剑开路的杀戮之路。众人物中的领头羊就是恩里克王子，他头戴圆帽，一块头巾搭在肩膀上，手捧帆船模型，目光投向远方，一副气宇轩昂的样子。如果从侧面观看，宽阔的碑体又像是一艘航行于大海中的巨型帆船。

该碑是葡萄牙政府于1960年为纪念葡萄牙航海事业奠基人恩里克王子逝世500周年而建。纪念碑上刻写着“献给恩里克和发现海上之路的英雄”，它不单献给恩里克王子，同样也纪念了15—16世纪为葡萄牙历史写下光辉一页的众航海家。纪念碑的基座上雕刻有几十个人物形象，或者是航海家，或者是航海事业的支持者。纪念碑前的地面上有一幅大理石雕刻的航海地图，图上刻画有葡萄牙航海船队抵达非洲、印度、中国、巴西等国家的航海线路，也标出了时间、地点等，记录了葡萄牙航海业的简明史。

在距离贝伦塔不远处，另有一座纪念碑值得一提：哥伦布发现新大陆纪念碑。这座石碑形状是一艘张帆的巨船，石碑基座的浮雕上，刻有哥伦布和跟随他的几十名水手在惊涛骇浪中航行的群像，人物神态各异，个个栩栩如生，真是艺术杰作。

还有一个重要景观不能不提，就是距离里斯本市区40千米远的罗卡角。罗卡角是辛特拉自治市的海岬，陡峭的悬崖如同伸向海洋的臂膀。这里终年吹拂强劲而凄厉的海风，巨大的海浪恶狠狠地拍打峭壁，浪花砸到坚硬的岩石化成了水沫，形成的雾气在海面上随意流动。如果当年举目眺望大西洋，如何能想象到穿过眼前广阔的洋面会遇到一片美洲新大陆？

站在罗卡角的悬崖上，有一种走到了天边的感觉。罗卡角曾被网民评为“全球最值得去的50个地方之一”。罗卡角的山崖上建有一座灯塔和一块面向大洋的石碑，碑顶端上有一个十字架。碑上刻写着那句人人皆知的名言：“陆止于此，海始于斯。”写这句话的是16世纪的葡萄牙诗人卡蒙斯。

里斯本简史

里斯本（Lisbon）是欧洲最古老的城市之一。据说最早来到这

罗卡角

块土地上的人是北非的腓尼基人，早在公元前1000多年。腓尼基人是当时最会经商的民族，葡萄牙人善于经商的基因也许有一部分来自他们。

公元前1400年，出色的海上探险者再次光顾了这里，一位名叫乌利西斯的贵族看上了这个平静的港湾，建造了最初的居民点。于是，里斯本港湾“艾丽斯乌波”（中文意为“平静的海湾”）的名声传开了。希腊人、腓尼基人等，先后来这里建立贸易中转站做生意。

公元前200年，罗马人来了。号称欧洲最优秀的军事工匠在山头上建起了令人生畏的军事古堡要塞，里斯本从此初具规模，成为一个城镇了。

5世纪，罗马帝国崩溃，西哥特人等“蛮族”占领此地，成为新的主人。714年，摩尔人击败西哥特人，占领此地长达400年之久。1147年10月，葡萄牙第一位国王阿方索·恩里克斯又赶走了摩尔人。1245年，葡萄牙王国定都里斯本。

里斯本

太加斯河起波涛，
跨海大桥出彩虹。
高高低低锦绣色，
热热闹闹繁华城。
航海纪念竖高碑，
水手逐浪留英名。
罗卡角上迎海风，
陆止海始登征程。

两“牙”瓜分了全球海洋

一山难容两虎

前面在讲述伊比利亚半岛古代史时，说到该半岛上先后出现了罗马人、西哥特人、摩尔人等，经历过好多个历史时期，拥有过很多个朝代。真是枭雄起于草莽，各占山头当大王，你方唱罢我登场，各领风骚数百年。

历史进入近代，几个天主教国家兴起后将摩尔人撵出了半岛。旧的敌人打跑了，新的利益之争必定开始，几个天主教国家争权夺利打起来了。开始葡萄牙只是天主教国家中的一个，后来葡萄牙崛起，风头盖过了西班牙。

如果说，伊比利亚半岛是江湖上的一座山头，经过争斗，山头上就剩下两只老虎：西班牙与葡萄牙。问题是一山难容两虎，两只老虎你撕我咬、你死我活，在近代史上演出了一台颇具声势的活剧，给欧洲近代发展史打上了深深的烙印。

葡萄牙位于伊比利亚半岛西面，濒临大西洋。葡萄牙的独立也许可以从11世纪算起。有一个来自法国勃艮第、名叫亨利的伯爵，控制了杜罗河上波尔图港周围的土地。“葡萄牙”，就是港口之地

波尔图是葡萄牙的第二大城市，杜罗河穿过城市流向大西洋

的意思。

1095年，卡斯提尔的阿方索六世封勃艮第的亨利为葡萄牙伯爵，还把自己的私生女特雷莎嫁给他。1097年4月9日，亨利伯爵发出了葡萄牙的领土宣示，也许这一天可以算作葡萄牙第一次作为国家出现的日子。

1112年，亨利去世，其子阿方索·恩里克斯继承爵位。1139年7月25日，恩里克斯称王，标志着葡萄牙王国的出现。1143年，卡斯提尔国王阿方索七世承认葡萄牙王国自主立国（这里边有私人情分，因为阿方索七世是恩里克斯的表兄）。出于对强大邻国的不信任，为了保护自己和刚成立的国家，阿方索·恩里克斯向罗马教皇提出申请，把葡萄牙作为教廷管辖下的封建领地。1179年，葡萄牙国王称号被教廷正式承认。阿方索家族的王位传了三世，1383年因绝嗣告终。

葡萄牙的议会选出了一位国王，名叫若奥一世（1357—1433），他在位时间为1385—1433年。他被称为“若奥大帝”，创建了葡萄牙阿维什王朝（1385—1580），算得上是葡萄牙历史上最伟大的国王。

对葡萄牙的独立建国，卡斯提尔其实感觉难受，心里堵得慌，因此双方多次兵戎相见。趁着新国王立足未稳，卡斯提尔再次发动进攻。1385年8月14日，在一次名叫阿勒祖巴罗塔战役中，两军交火。新国王颇有军事才能，在1：5悬殊兵力的劣势情况下，他率领葡萄牙各派的联军，巧妙用兵，以少胜多，打败了卡斯提尔的军队。1411年，双方缔结和约，葡萄牙终于摆脱了对卡斯提尔的封建依附。

西方的首个殖民先驱

葡萄牙是欧洲人对外殖民的先驱。在贤明君主若奥一世在位期间，葡萄牙确立了向海上发展的国策，并为大航海时代的到来吹响了前进的号角。

若奥一世制定的战略着力点是征服非洲大陆，因为那里有土地、黄金和奴隶。国王选定北非摩洛哥的重镇休达作为征服非洲的起点。他亲自率领的远征军于1415年8月一举攻下休达，接下来的数年间，先后占领了马德拉群岛、亚速尔群岛等。后来，葡萄牙人先后控制撒哈拉沙漠北部，以垄断对黄金的供应；占领佛得角群岛，强迫奴隶种植棉花，发展纺织业；占领圣多美和普林西比群岛，强迫黑奴种植甘蔗。当时，葡萄牙成为世界上最富有的商业帝国。前面提到的恩里克斯王子是若奥一世的第三个儿子，父子两人都是航海事业的热心支持者。

1432年继位的是国王阿方索五世(1438—1481在位)，因热衷于在非洲打仗，而获得“非洲人”的绰号。15世纪80年代葡萄牙侵入几

该建筑原为圣保禄教堂的前壁部分

内亚比绍。之后葡萄牙人到达格陵兰岛，鳕鱼成为葡萄人的美食。接着葡萄牙入侵了安哥拉。

1495年，曼努埃尔一世继位。在他主政期间，葡萄牙成了欧洲最富有的国家。在侵占非洲大片殖民地后他还不满足，将目光投向了亚洲，于是成就了达·伽马的印度探险之行。从此以后，印度的胡椒、棉花，印尼的香料，中国的丝绸、瓷器，源源不断地由这条航道运达欧洲。为了保护这条海上通道的安全，葡萄牙在蒙巴萨建造了一座城堡，在果阿兴建了一座殖民城市，在中国澳门建立了中转港，垄断这条欧亚海上航道达百年之久。

1500年4月22日，佩德罗·卡布拉尔指挥的舰队到达巴西海岸，宣布巴西归属葡萄牙。从1501年起，葡萄牙陆续派出数支舰队，到达乌拉圭和阿根廷，进行殖民活动。1511年，阿方索·阿尔布奎克率舰队攻占马六甲海峡，控制了印度洋和太平洋的全部海上贸易。之后，葡萄牙打败了土耳其人、阿拉伯人和蒙古人，控制了波斯湾，并将势力范围扩张到湄公河三角洲。1518年，葡萄牙占领科伦坡。

葡萄牙贪婪的手终于伸向中国。1542年，葡商获准在中国宁波定居。1553年，葡萄牙人以需要晾晒被海水浸湿的货物为借口，强行在澳门登陆，并通过贿赂官员而得以长期居留。1887年，《中葡和好通商条约》的签订使葡萄牙获得了“永居管理澳门”的地位，中国丧失了对澳门的管辖权。

葡萄牙的海外扩张活动达到了高潮，但凡事盛极必衰，葡萄牙也不例外。从1521年曼努埃尔一世病故开始，葡萄牙从扩张趋向保守，实力开始削弱。

葡萄牙作为海上冒险家，既是摸索各条航线的开拓者，又是欧洲各国眼红的对象。葡萄牙人能够从海外掠夺惊人的财富，别人怎么就不行？于是，意大利、英国和荷兰等新兴资本主义国家起而仿效，踩着葡萄牙人的脚印，也开始进入印度洋和西非等地。

两“牙”瓜分全球海洋

在葡萄牙航船四面出击，赚得盆满钵满时，西班牙其实也没有闲着，从伊莎贝拉一世派哥伦布出海探险开始，西班牙也在不断地向外扩张。

但哥伦布的远航也使事情变得复杂了。早在1481年，葡萄牙与卡斯提尔订立了《阿尔卡索瓦斯条约》。条约中规定：待发现世界，以加那利群岛的平等线为界分为南北两个部分，北部由卡斯提尔开发，南部由葡萄牙开发。因此，当哥伦布于1493年从新大陆返航途中在里斯本见到若奥国王得意扬扬地宣称自己的新发现时，国王告诉他，根据条约新大陆不属于西班牙，而属于葡萄牙。

哥伦布赶紧写信将此情况报告给斐迪南二世和伊莎贝拉一世。

两位国王非常吃惊，赶紧去找教皇亚历山大六世说情。这位教皇的本名叫罗德里哥·波吉亚，是西班牙巴伦西亚波吉亚家族的人。一家人，好说话，教皇答应了他们的请求，发出了《划子午线为界》的教皇训喻。教皇大笔一挥，在大西洋的佛得角群岛着笔，从北极到南极划出一条界线，线以西的土地发现权和所有权归西班牙。教皇明显拉偏架，葡萄牙国王当然不服。他知道找教皇没用，就以兵戎相见威胁西班牙。西班牙妥协了，1494年6月7日，两国再次签订了《托尔德西拉斯条约》。规定在佛得角以西370里格的地方从北极到南极划一条线，将世界分为两半，两家各得一半。两“牙”瓜分了全球海洋上所有待发现的土地！

⊙ 巴西里约热内卢的基督像 摄影/段亚兵

根据此条约，西班牙对美洲新大陆有绝对的权利，但巴西例外，归葡萄牙所有。2002年，我到过巴西、阿根廷等地，看到南美洲国家中，除了巴西说葡萄牙语以外，其他国家基本上都说西班牙语，对此情况有点迷惑不解，询问导游。他讲述了“教皇子午线”的历史故事后，我才明白了其中的道理。

在后来的半个世纪内，西班牙殖民者先后征服了美洲的几个大国，包括墨西哥的阿兹特克帝国、秘鲁的印加帝国等，建立了许多殖民地，大肆掠夺。西班牙人在征服美洲诸国的过程中，手段极其残酷，欺骗、背叛、杀戮、流血，无恶不作，令人发指。征服史就

波尔图市

是一部犯罪史和杀戮史，西班牙人的暴行激起了当地印第安人的强烈反抗，后来演变为大规模的独立战争。

西班牙疯狂地掠夺美洲。从16世纪40年代起，黄金、白银等贵金属不断地从美洲输入西班牙。但这些巨额资金没有变成发展产业的启动资金，而是白白地花掉了。大部分钱用于宫廷和贵族的奢华生活，大量购买外国的新奇高档商品，供应国外驻军的巨额军费开支，打造“无敌舰队”等巨型舰队，偿还德国、意大利和尼德兰的债务等。因此，西班牙虽拥有美洲的宝藏，却依然是个穷国。在财富方面，西班牙远远比不上富裕的葡萄牙。对此，西班牙怀着重重的嫉妒心，打起邻居的主意。

西班牙帝国膨胀

这一时期的西班牙王朝结构也发生了重大变化，更加强了西班牙统一整个伊比利亚半岛的雄心。前面在讲托莱多的故事时说过，13世纪中叶的伊比利亚半岛上有卡斯提尔-莱昂、亚拉冈-加泰罗尼亚、纳瓦拉和葡萄牙四个基督教国家。由于伊莎贝拉一世与斐迪南两王联姻，两个王朝成了一家人。1512年，斐迪南又合并了纳瓦拉。半岛上只剩下西班牙和葡萄牙两个国家。

而西班牙在继续变大。1516年，斐迪南逝世，将西班牙王位传给外孙卡洛斯一世。卡洛斯一世的祖父马克西米利安一世是神圣罗马帝国的皇帝，在祖父于1519年去世后，卡洛斯一世又继承了他的帝位，称查理五世。查理五世在位期间，与法国争强取胜控制了意大利，从土耳其人手中夺取了突尼斯，镇压了尼德兰起义。在美洲先后征服了墨西哥、尤卡坦半岛、危地马拉、秘鲁、智利、阿根廷、委内瑞拉等地。1556年，查理五世将西班牙的王位让与儿子腓力二世，将神圣罗马帝国的帝位让与其弟斐迪南一世。此时的西班牙哈布斯堡王朝的统治势力范围达到大部分欧洲、中南美洲、墨西哥、北美南部和菲律宾等地，成为全球霸主。

腓力二世统治时期，西班牙是欧洲第一强国和最大的殖民帝国，统治着西班牙、美洲、菲律宾的一部分、意大利的大部分及尼德兰等。此时的腓力二世，踌躇满志，野心继续膨胀，打算实现伊比利亚半岛的统一，吞并葡萄牙。

葡萄牙渡过危机

葡萄牙外部面临不利局势，内部也出现了危机。1580年，阿维什王朝绝嗣。这一年，腓力二世抓住天赐良机发动战争，在阿尔卡萨基维尔战役中打败葡萄牙，兼并了葡萄牙及其所属殖民地。

里斯本商务广场

打了败仗的葡萄牙，无奈退让，力求自保。1581年，葡萄牙议会同意西班牙国王腓力二世兼任葡萄牙国王，称费利佩一世。腓力二世也允诺葡萄牙保留自治权。开始时双方都遵守承诺，情况还好。但是后来继任的费利佩二世、费利佩三世开始横征暴敛，把先辈的诺言丢在了一边，葡萄牙当然也不干了。1640年，葡萄牙独立党发起革命，驱逐西班牙驻军，拥戴布拉干萨公爵为国王，称约翰四世。经过66年的休养生息，到约翰五世统治时期，葡萄牙实现了中兴，经济一片繁荣。

而这一时期的西班牙，由于连年开战，穷兵黩武，迅速走下坡路。1588年，腓力二世派遣无敌舰队远征英国，在英吉利海峡遭到惨败，丧失了海上的霸权。不可一世的西班牙帝国，在腓力二世的昏庸统治下，经济濒临崩溃，国力日衰，民不聊生。

再之后伊比利亚半岛的斗争仍继续发展，但已不限于半岛上的两国，英国、法国、尼德兰等国纷纷加入，战火燃遍欧洲大地。这些故事后面再讲。

敢于冒险的航海家

航海王子恩里克

我们在前面介绍发现者纪念碑时说到，纪念碑上群像中的领头人是恩里克王子。下面说一说他策划组织葡萄牙航海家航海的故事。

恩里克（Henrique，1394—1460）是葡萄牙语的叫法，英语中称他为亨利（Henry）。他是葡萄牙国王若昂一世的第三个王子，母亲是英国人。他出生于葡萄牙北部的波尔图，自幼喜好钻研，专心致志于既定目标。1415年，他随父远征占领摩洛哥城市休达，被任命为该地总督。在休达，他刻苦研究了大量历史文献，积累了宝贵的航海资料，让他确信地球上尚有许多未知的大陆等待去发现，一个宏大的设想在他的脑海里初步形成。

自休达返国后，恩里克一心一意地投身于航海事业。他远离豪华舒适的宫廷，放弃了婚姻和家庭生活。1419 年，他被晋封为公爵，改任葡萄牙南端阿尔加维省总督。他选择了荒凉的萨格里什半岛定居下来，在那里创立了航海学校、天文瞭望所和造船厂。他建立了自己的小宫廷，吸引了一批海员、测绘人员、天文学家和制造船舶与仪器的工匠。

航海王子恩里克的雕像

1420年起，他开始派遣船队向海外进行探险，最初是探索摩洛哥的大西洋沿岸，后企图寻找通往印度的海路。按照周密的计划和部署，他的船队先后发现了几内亚、塞内加尔、佛得角和塞拉利昂。

15世纪上半叶，葡萄牙航海发现取得的成就震惊欧洲。恩里克不仅为葡萄牙人所景仰，而且受到欧洲人的尊敬。实际上，恩里克毕生并没有远航探险，“航海家”是英国人给他的称号。葡萄牙人则亲昵地称呼他“恩里克王子”和“航海王子”。他的荣誉在于大力倡导远航探险，建造船队，改进测绘技术和推动海路贸易，开创伟大的地理发现时代，为葡萄牙建立海外帝国打下基础。

1460年，恩里克因病在他的航海基地萨格里什谢世，终年66岁。历史学家们评价说，无论对葡萄牙还是对整个欧洲，他的一生及其事业的重要性是无法估量的。从他的航海时代起，每一个从事地理大发现的人，都是沿着他的足迹前进的。

咏恩里克

葡国王子恩里克，
殖民海外做强梁。
舍弃皇宫躲是非，
不爱江山喜远航。

轻舟绕过好望角，
香料垒起黄金墙。
瞻仰民族纪念碑，
峨冠举船领头羊。

发现好望角的人

真正舍弃皇宫躲是非，绕过非洲的好望角，从大西洋进入印度洋的是巴尔托洛梅乌·迪亚士和达·伽马。只是前者没有后者出名。

⊙ 达·伽马肖像

1487年7月，葡萄牙航海家巴尔托洛梅乌·迪亚士（约1450—1500），受若奥二世国王派遣，率三艘船组成的船队沿着非洲西海岸南行。途中遇到了猛烈的风暴。经过十几天的搏斗，迪亚士命令船队掉头北上。这时，他意外地发现船队已经绕过了非洲的最南端。船队漂流到了非洲东海岸的阿尔戈阿湾，这是欧洲人第一次绕过非洲大陆南端而到达非洲。第二年，休整好的船队返航再次经过非洲最南端海角。海角暴风猛吹，海浪滔天，极其难行，九死一生，迪亚士叫它“暴风角”。

回来向葡萄牙国王汇报航行情况时，迪亚士讲述了经过“暴风角”的恐怖经历，国王对此大感兴趣，认为这不是一个坏海角，而是好海角，只要搞清楚绕过这个海角的航路，去印度大有希望。因此，国王将“暴风角”改名为“好望角”。迪亚士的航海资料，为后来者提供了重要借鉴。

接着，达·伽马登场了。在里斯本发现者纪念碑上，他就站在恩里克王子的身后，可见地位之高。达·伽马的全名叫瓦斯科·达·伽马（约1460—1524），是葡萄牙的一名贵族。百科全书上介绍达·伽马出生于约1460年。如果这个时间准确，那么就是说恩里克王子去世那年，达·伽马出生。1497年7月8日，达·伽马奉国王曼努埃尔一世之命，率领170名船员分乘4艘船从里斯本出发，于11月22日绕过好望角，抵达圣赫勒章湾。

好望角的具体位置在南非的开普敦市。2012年11月，我跟随深圳一个企业家参展团到开普敦时，专程去最南边的海角登高望远。海角上有一座灯塔，我们爬到灯塔基座的小广场上瞭望观景。导游说："你们往远处看，这里就是印度洋与大西洋交界的地方……"眼前的海水是铁灰色的，在强劲的海风吹拂下，洋面晃动，波涌浪起，实际上看不出两洋之间有什么界线。但是由于想到了葡萄牙人发现好望角的故事，朦胧中我仿佛真的看见海水里有一条激冲涌动的海流将两洋分开……历史老人将发现这个海角的光荣花环戴到了葡萄牙水手的身上。

根据史书记载，达·伽马的船队过了好望角开始北行，于第二年（1498年）的4月到达了肯尼亚的马林迪。在这里，达·伽马遇到有经验的阿拉伯水手伊本·马吉德。在他的领航帮助下，舰队沿着熟悉的航线横渡印度洋，于5月20日到达印度西海岸的卡利卡特。中国史书上称此地为"古里"。我国郑和率领的船队也到达过此地。

次年9月，达·伽马率领船队，满载着香料和宝石返航回到里斯本。后来，于1502年、1524年，达·伽马又到过印度两次。他甚至被葡萄牙国王任命为印度总督。历史学家评价：达·伽马首航印度，既促进了欧亚非各大洲间的商业发展，也是近代西欧列强对东方国家进行殖民掠夺的开端。

女王委托哥伦布航海

⊙ 克里斯托弗·哥伦布雕像

克里斯托弗·哥伦布（约1451—1506）是热那亚人，出生于一个从事毛纺织业生产的手工业家庭。哥伦布18岁时成为海员，随船队去过很多国家，熟悉地中海和大西洋沿岸的许多航路。他青年时代读过《马可·波罗游记》，对富饶神秘的东方十分向往。他刻苦学习天文地理知识，深信“地圆说”，琢磨着寻找一条从西方通向印度、中国和日本的新航线。

25岁时，哥伦布参加了一支热那亚船队的出海活动，遭到了葡萄牙和法国联合舰队的袭击，负伤落水。后来他到了葡萄牙里斯本，在这里，哥伦布被爱神眷顾，与森特岛总督、著名航海家佩列斯特列劳的女儿结婚。婚姻不但为他带来了幸福，而且也使他得到了宝贵的航海资料。岳父送给他一些珍贵的手稿和海图，还安排他随船出海了解去非洲的航线。

哥伦布骚动的心越来越不安稳。33岁时，他向葡萄牙国王若奥二世提出他的航海计划，未被接纳，因为国王认为绕道非洲南端海角去印度更靠谱一些。碰了一鼻子灰的哥伦布举家迁往西班牙。

35岁的哥伦布时来运转。他在一位伯爵的引荐下见到了伊莎贝拉一世女王，他向女王提出了自己的计划建议。女王组织了一个委员会来审查他的计划，经过4年漫长的等待，计划被委员会认为不可行。1491年11月，哥伦布在格拉纳达附近的圣塔菲城又一次见到了女王，忙于战事的女王竟然抽出时间接见了哥伦布，他执着地又一次提出了航海计划。计划被女王交给另一个委员会审议，计划再次被否决，理由是哥伦布想要得到贵族头衔的要价太高了。失望的哥伦布决定离开西班牙到法国去碰运气。哥伦布动身一个小时后，改变主意的女王派人在距圣塔菲城4英里远的松木桥村追回了哥伦布。

西班牙军队终于攻陷了格拉纳达，心情大好的女王开始认真地考虑哥伦布的航海计划。经过讨价还价，于1492年4月17日哥伦布与女王签订了著名的《圣塔菲协议》。女王陛下任命哥伦布为“统帅”并且可以世袭。任命他为他所发现、获得的陆地和海岛的副王和总督，准其从这些地方的产品和投资所得中抽取一定的收入。哥伦布还如愿以偿地得到了“海军上将”军衔和“唐”贵族头衔。此后，哥伦布的全名变成了“唐·克里斯托弗·哥伦布”。

于是，踌躇满志的哥伦布开始了他漫长的航海探险行动。从1492年到1504年的8年间，他共出海4次。第一次（1492—1493）航行时间是一年。他率领“圣玛利亚号”等3艘船，船员90人，携带着西班牙王室致中国皇帝的国书。这次航行他到达了美洲，发现了巴哈马群岛中一个名叫华特林岛的小岛。哥伦布当时定岛名为圣萨尔瓦多岛，是基督教“救世主”的意思。他认为自己所到的地方就是印度，他称当地居民为“印第安人”，即印度人。接着发现了古巴东北海岸。哥伦布误认为古巴应该是中国的地方，日本应该在此地的东方。于是船队掉头向东，12月7日到达海地，见这里山川秀丽如西班牙，遂命名为“厄斯巴纽拉”（意为小西班牙）。

第二次（1493—1496）航行时间是3年。这次他率领了17艘船，船员1500人，再次去美洲。这次他发现了多米尼加岛、瓜德罗普岛、波多黎各岛，在海地岛建立了西班牙在美洲的第一个殖民地。

第三次（1498—1500）航行时间是2年。这次他率领6艘船，船员200人。这次发现了特立尼达岛，在委内瑞拉的帕利亚半岛登陆，第一次踏上了南美大陆。

第四次（1502—1504）航行时间是2年。这次他率领4艘船，船员150人。这次他发现了马提尼克岛，最后抵达巴拿马的达连湾。

哥伦布并没有因为航海发现新大陆而发财。1506年5月20日，他在贫困交加中死于西班牙西部城市巴利亚多利德。

哥伦布的航海事业无疑是伟大的举动。他是欧洲大航海时代的冒险家、开拓者之一。伟大之中有悲剧。直到去世，哥伦布并不知道自己发现了新大陆，他一直认为他已经到达了东方国家印度，所以他管这块大陆叫印第安（Indian)。

咏哥伦布

热那亚人哥伦布，
伊比利亚撞大运。
女王慷慨赠钱财，
海船挂帆奔远程。
欲觅东方金富窝，
开辟西方新大陆。
至今站在高碑上，
发现美洲第一人。

亚美利哥为美洲命名

在哥伦布航海期间，另有一位来自意大利的航海家也在探险。亚美利哥·韦斯普奇（1454—1512）是佛罗伦萨人。他于1499—1504年间，先后几次随西班牙和葡萄牙的船队到美洲探险。经过实地勘察，他发现南美的地理方位和社会组织、风俗习惯等，与西方人已知的亚洲迥异。他在写给佛罗伦萨美第奇家族的信中断言：哥伦布发现的地区不是亚洲，而是一块“新大陆”。他关于南美航行探险的信件发表后引起轰动。

韦斯普奇在西方建立了一个新的地理概念：在欧洲和亚洲之间存在一块新大陆，从欧洲向西航行必须横渡两个海洋方能到达亚洲。1507年，德国地理学家瓦尔德塞弥勒在自己绘制的世界地图上，首次采用了源于韦斯普奇的“亚美利加”来标明南美，实际上是把韦斯普奇看作“新大陆”的发现者。16世纪后，“亚美利加”这个名称泛指全美洲。

虽然哥伦布的错误被发现了，但是先入为主总是难以改变。直到今天，美洲加勒比海与墨西哥湾之间的24万平方千米海域的1200多个岛屿，仍被称作西印度群岛，美洲的原居民被称为印第安人。看看思想惯性的力量有多么巨大。

麦哲伦的环球航行

哥伦布虽然开辟了通往美洲的新航路，但是他其实并没有到达富庶的东方，也没有给西班牙立刻带来可观的财富。而达·伽马开辟直通印度的新航路后，却给葡萄牙带来惊人的利润。西班牙当局对此嫉羡不已，希望也能找到一条直通东方的新航路，因此继续支持远洋探险活动。这时候麦哲伦登场了。

费尔南多·麦哲伦（1480—1521）是葡萄牙人，出生于波尔图一个贵族家庭。16岁时成为葡萄牙航海事务厅的雇员，让他及早地熟悉了航海事业。25岁时，麦哲伦成为葡萄牙远征船队的一名水手，多次到过印度、马六甲、苏门答腊、爪哇等地，为葡萄牙的殖民活动服务，在海战中多次负伤，受到了国家的嘉奖。

按照麦哲伦掌握的地理知识和航海经验，他也相信“地圆说”理论。他向葡萄牙国王曼努埃尔一世建议，向西航行可以探索到通往印度尼西亚马鲁古群岛的航路，但遭到拒绝。

⊙ 麦哲伦冒险走通的南美洲一条海峡，后来被欧洲人命名为“麦哲伦海峡”

看到在葡萄牙难有作为，37岁的麦哲伦放弃葡萄牙国籍，移居西班牙。他得到了西班牙国王查理一世的支持和资助。双方签订的协议规定：任命麦哲伦为新发现地的总督和钦差大臣，有权得到新发现地的部分收入和新发现的部分岛屿；西班牙国王则为探险队提供船只、物资、武器和人员。

1519年9月20日，39岁的麦哲伦率领265人，分乘5艘船，从西班牙的圣卢卡港启航。4个月后船队到达巴西的里约热内卢湾，然后继续沿巴西海岸南下。

10月21日，船队驶入了一个海峡。这个海峡弯弯曲曲，忽宽忽窄，水道里港汊交错，潮汐汹涌，让人们心里最没底的是走了好远仍见不到头。其中一艘船丧失信心了，掉头逃回西班牙；另一艘船更早时已经沉没。麦哲伦志坚如钢，毫不动摇，率领余下的3艘船继续前行，经过38天的艰苦航行，终于于11月28日驶出了海峡。这就是位于南美大陆与火地岛之间的万圣海峡，由于是被麦哲伦发现，后来被欧洲人命名为麦哲伦海峡。

出了海峡，船队又进入一片浩瀚无边的大海。麦哲伦率领的船队继续西行，从1520年11月到1521年3月，航行3个多月竟然没有遇到一次暴风雨，麦哲伦高兴地称它为“太平洋”，这个名称一直沿用至今。

麦哲伦船队的这次探险，途中遭遇了风暴、暗礁、船损等灾难，又克服了饥饿、疾病、减员、船员叛乱等困难，历尽千难万险、九死一生，最终于1521年3月抵达菲律宾。在马克坦岛，麦哲伦因干涉当地部落争执，于4月27日被首领拉普·拉普的战士杀死。后来西班牙的殖民者征服这个地区，并以王子菲利普的名字命名，就是今天菲律宾名字的来历。

事业未竟身先死，领头人突然没有了，船队的混乱和绝望可想而知。11月，剩下的船只与船员，竟然航行到了马古鲁群岛，算是实现了船长夙愿，事实证明了麦哲伦的判断是正确的。此时的船队只剩“维多利亚”号一艘船和18名疲惫不堪的船员。在西班牙人埃尔卡诺的率领下，船队横渡印度洋，绕过好望角，于1522年9月6日返程抵达西班牙的出发地——圣卢卡港。

麦哲伦及其船队费时近3年完成人类历史上第一次环球航行，证实了“地圆说”猜想的正确。这对后来科学理论的发展具有重大意义。

咏麦哲伦

先葡后西麦哲伦，
志在海上建功勋。
敢入曲折蚯蚓峡，
何惧迷途蜘蛛网。
舍身飞越生死海，
放眼喜望太平洋。
谁晓深渊暗幽通，
从此两洋可通航。

海上马车夫启航

阿姆斯特丹印象

阿姆斯特丹是一座水城。

这是欧洲的地形造成的。与中国大陆“大河向东流”情况相反，欧洲的几条大河，从东南面的高山峻岭向西北流过来，在尼德兰几个低地国家流入北海，再涌入大西洋。阿姆斯特丹就是一个河流出海口。这里地势低洼，滩涂连片，遇到洪水泛滥，或者海水倒灌，就成为泽国。阿姆斯特丹人没有坐以待毙，他们开凿出条条运河，让河道畅通，引导洪水流向大海，在河边建房造屋，形成市镇，于是就有了今天的阿姆斯特丹水城。

城市中水道纵横，桥梁连通，条条运河清流扬波，水面上漂浮起一座城市。水道从城市中穿过，让城市甩开绿色的水袖，显得分外妩媚，风情万种。欣赏着眼前的水城景观，令人感觉似曾相识，有几分眼熟。是的，我曾经去过的几座水城，景色有相似之处，也有不同的特色。威尼斯是水漫石墙，波涛拍岸；苏州是水流小桥，杨柳轻扬；阿姆斯特丹则是水绕堤岸，鲜花怒放。如果将这三个城市比作美女，威尼斯像冷酷美艳的侍女，苏州似婀娜多姿的姑娘，

阿姆斯特丹

阿姆斯特丹如雍容华贵的贵夫人。

阿姆斯特丹环城有5条运河，从内往外数，分别为辛格尔河、绅士运河、皇帝运河、王子运河和最外面的辛格尔运河。容易搞错的是，最里面一条河和最外面一条河都叫“辛格尔”——最里边的只是“河”，而最外边是“运河”。据说全市共有160多条大小水道，河流多则桥梁多，有1200多座桥梁连接。阿城有“北方威尼斯”之称，河渠纵横，桥梁交错；河水静流，波光闪闪；两岸秀丽，绿树成荫。傍晚时分，白天的喧闹尽消，宁静而悠闲，尤其让游人们喜欢。

运河不算宽，游船不算大。坐在低矮的船中离水面很近，更有一番亲密的感觉。天气很好，阳光灿烂，清风徐来，十分凉爽。游船缓缓前行，岸边景色不断变化，感觉好像是在看风光影片。我们经过了豪华典雅的王宫，这座建筑建于1648年，是尼德兰黄金时代的一个证明。也就是在这一年，被人民的反抗斗争搞得焦头烂额的西班牙国王，不得不承认尼德兰独立。游船经过了一处名叫“跳舞楼”的景点，几栋楼房由于下沉严重，歪头斜脑就像是跳舞一样。这提醒我们阿姆斯特丹也像威尼斯一样建在沼泽里，先用又长又粗的木桩打好地基，上面建起楼房。如果基础严重下沉，就会出现这样的跳舞楼。奇怪的是成为危房却不倒塌，有点像比萨斜塔。又经过一段河流，连续有七座桥排成一排，拱桥的桥洞一孔套着一孔，有点像绳索的连环扣，奇特的景观世上少有。

现在许多年轻人喜欢开着小车逛街景，名之曰“游车河”。加大油门，风驰电掣，景观一闪而过，追求一种刺激。而我认为水城的这种“游船河”的形式可能更好，慢慢悠悠，不用着急，不赶时间，饱览两岸风景，享受悠闲生活，别有一番独特的感受。

水坝广场是起点

乘游船饱览岸边风光，对水城有了一个大概的印象后，我们上岸选择一些重点项目仔细参观。水坝广场应该是城市的主要景区之一，也叫多姆广场，“多姆”（Dam）就是水坝的意思，大约建于1270年。这个名叫多姆拉克的地方，截流了阿姆斯特尔河，便逐渐繁荣起来。当年的河流如今已消失于地下，曾有的河面被繁华的街道覆盖，让人们完全想不起来原来的地貌。几世纪里水坝广场一直是城市的政治中心与商业中心。

荷兰在历史上原属于尼德兰。尼德兰本意为低地国家，包括今天的荷兰、比利时、卢森堡和法国东北部地区。荷兰王国土地面积4.15万平方千米（仅比我国3.54万平方千米的海南省略大一些）。全国40%的国土低于海平面。要在这块土地上生活，修筑水坝是前提条件之一。

早期的尼德兰属于东法兰克王国。在这块土地上居住的人种，

水坝广场上的王宫

北方是盎格鲁-撒克逊人，南方为法兰克人。阿姆斯特丹在那一时期还是一个小渔村，直到15世纪才发展成为商业城镇。16世纪末，阿姆斯特丹遇到了一个重要的历史机遇。由于尼德兰当时最大的安特卫普港（在今比利时）被西班牙军占领，海运停止，贸易中断，于是大量的货物转移到了阿城。战争让安特卫普遭殃，和平让阿姆斯特丹繁荣。“海上女王”的名声开始传开，阿城进入它的黄金时代。1648年尼德兰独立后，阿姆斯特丹成为世界金融、贸易、文化中心。18世纪，阿姆斯特丹逐渐衰落，贸易地位被伦敦、汉堡取代，但仍为欧洲金融中心。

水坝广场上有许多名胜古迹。

首先要说的是王宫。这栋楼建于1648年，开始是建一座市政厅。市民没有预定工期，要求一定要建成一座“宏伟出色、令人惊奇”的建筑。于是，工期用了8年，费用超过了70吨黄金，建成了当时举世瞩目的豪华的巴洛克式建筑。由于是在沼泽地里建大楼，光是基础就打进了1.3万多根实木地桩，直打到深入地下21米的岩石硬地上。当时此建筑被誉为世界八大奇迹之一。新市政厅落成时，市民们进行了连续7天的狂欢。

1806年，法国拿破仑皇帝的弟弟路易·波拿巴被任命为荷兰国王。路易挑选此大楼作为自己的王宫，如今成为荷兰王室的宾馆。王宫分为五层，宫内装饰富丽堂皇，大厅设有国王御座，王座的华盖上绘制有东半球的地图，这提醒人们：17世纪的荷兰曾是海上强国。给人印象最深的是宫内有个“平民之厅”，据说是欧洲宫廷中最宽敞的厅堂。这又提醒人们：在一段时间里荷兰的政体是共和国，是荷兰人民创造出了那段光荣的历史。法国的拿破仑皇帝在占领荷兰期间恢复王权，将荷兰共和国变成为荷兰王国。

出了王宫，我们在广场上溜达。广场周围是各式各样的建筑，显出一派极度繁荣的都市景象。王宫的北侧是神圣高耸的新教堂，细高的尖塔、巨大的圆形花窗、三角形的门头，显示出典型的哥特

新教堂

阿姆斯特丹街景

式建筑风格。1841年以后，历代荷兰国王的加冕礼都在这里举行。王宫的南面是杜莎夫人蜡像馆，塑像技术一流，制作的蜡像与真人酷似，因此吸引了许多达官、名人、体育和影视明星来此馆制作蜡像，克隆一个替身流传后世。

广场中央有一座白色的方尖塔碑，是建于1956年的民族纪念碑，以纪念在二次大战中牺牲的军人。二战中荷兰宣布自己是中立国，但纳粹德国还是于1940年5月10日对荷兰、比利时防线发动了闪电战。由于力量过于悬殊，荷兰仅仅抵抗了4天就宣布投降。荷兰女王逃亡海外，国内人民组织了抵抗运动，但遭到残酷镇压。

泪之塔的景色

从皇宫向北，顺着达姆拉克大街走不远就来到了艾河。艾河边有一个景点值得关注，就是泪之塔。据导游介绍，建于15世纪的泪之塔是古代城墙的遗迹，是一个观察敌情的哨兵塔。这里是观望艾河的最佳观察点，站在上面可以远眺艾河流出港口的景象，水天一色，横无际涯，水汽蒸腾，茫茫一片。艾河并没有直接流入海里，而是流入艾瑟尔湖。实际上艾瑟尔湖原来就是海域，荷兰人修建了长长的拦海大堤后变成了宽阔的湖面。出了湖，是瓦登海，再往前，瓦登海就与北海连接在一起了。

因此也可以说泪之塔与出海口相连，这里还有两条通向市区的运河相交，可见泪之塔是在一个枢纽位置上。随着时光流逝，原来用作军事的瞭望塔，后来变成了守家妇女盼君早归的“望夫塔”。据说16世纪起，出海航行到世界各地港口的荷兰船只多数从这里启航，家眷亲友站在此地与船员洒泪话别，泪之塔由此得名，塔内的墙壁上至今还有描绘当时情景的图画。

尼德兰的自然条件良好，很早就成为欧洲经济发达地区之一。它位于大西洋边上，濒临北海，海上交通十分便利；这里又是莱茵河和斯海尔德河的下游出海口，河道密如蛛网，水上交通通畅。渔业是尼德兰致富的产业之一，盛产的鲱鱼是市场上的抢手货。渔民出海话别，泪之塔下泪水涟涟；鲱鱼大量上市，阿姆斯特丹人笑声朗朗。

一份资料记载，16世纪中期，欧洲几个国家每年从尼德兰进口的货物价值达2230万古尔登金币。此时的尼德兰，已经成为欧洲经济最发达的地区之一。尼德兰有303个城市，商业发达，仅荷兰省、西兰省两省城市人口就达到全国人口的一半以上，尼德兰因此有了“城市国家”的说法。

离海洋如此之近，少不了出海探险。尼德兰也出过几位航海探险家。

首先是威廉·巴伦支（1550—1597），他致力于开拓通过北冰洋的欧亚东北航道，想要探寻一条由北方通向中国和印度的航路。作为一名船长，他44岁时（1594年6月）开始远征航行，曾三次出

阿姆斯特丹

海，有成功有失败。第三次出海时船遇浮冰不幸撞毁，他和水手们被困在新地岛，被迫在北极越冬，极寒的环境里九死一生，直到第二年夏天才幸运地遇到俄罗斯人而获救，在返程途中去世。他是完成北冰洋探险壮举的第一个欧洲人，因他的探险发现，北冰洋里一片面积约140万平方千米的海域，被命名为巴伦支海。

其次是威廉·斯豪顿和雅科夫·勒美尔，1616年，二人首次到达美洲极南部的一个海角。他们按照斯豪顿出生地霍恩（Hoorn），将此海角命名为“合恩角”（Kaap Hoorn）。合恩角位于智利南部合恩岛上。这里是南美洲的最南端，是太平洋与大西洋的分界线。

还有阿贝尔·塔斯曼。1642—1643年间，荷兰探险家、商人塔斯曼在荷兰东印度公司的资助下，两次成功远航，发现了大洋洲的塔斯马尼亚岛、新西兰、汤加和斐济。他的名字被列入最伟大航海家之列，塔斯马尼亚岛和塔斯曼海就是以他的名字命名的。

荷兰人想要沿着葡萄牙人航线到东方去，必须要有可靠的资料。葡萄牙人将这些资料作为国家最高机密严加管理，但秘密还是泄露出去了。荷兰人哈伊吉思·林索登，曾作为葡属印度果阿大主教的仆人，在印度生活了7年。他于1595年发表了描绘世界地理情况的《旅行日记》，使葡萄牙保守了近一个世纪的秘密变成了常识。

虽然也出航海探险家，但真正让荷兰人出名的是他们在葡萄牙人和西班牙人之后，绕过好望角到达印度洋，与东方各个国家做生意。由于他们的商船、战船数量更多，航海技术更先进，在与葡萄牙人争夺中占了上风，因而有了“海上马车夫”的声誉。学者尼克服尔德说：“荷兰人从各国采蜜……挪威是他们的森林，莱茵河两岸是他们的葡萄园，爱尔兰是他们的牧场，普鲁士、波兰是他们的谷仓，印度和阿拉伯是他们的果园。”

荷兰人口不算多，但是他们每年出海的水手、船员却数量众多。如果到荷兰的一些博物馆转一转，看看收藏、展出的大量展品和资料，就可以知道阿姆斯特丹的港口里每天都挤满了人，或送丈夫出海，或迎亲人归家，因此也才有“泪之塔”这样一个景点。

荷兰人为何后来者居上？他们为何如此有能耐？精彩的故事后面继续讲述。

中国与大航海时代擦肩而过

三支船队的比较

中国明朝郑和下西洋，无论在中国还是外国的航海史上，都是浓墨重彩的一笔。我们可以把郑和下西洋这件事放在全球历史的坐标上考察，与大概同时期发生的哥伦布、达·伽马的航海探险研究比较一番。

先说航海时间和路线。

郑和下西洋的时间是永乐三年至宣德八年，也就是1405—1433年，历时28年。

哥伦布的出海时间是1492—1504年，历时8年，共航行4次。达·伽马的出海时间是1497年。郑和第一次出海的时间比哥伦布早87年，比达·伽马早92年。

哥伦布去的是新大陆，与郑和没有可比性。这里可以把达·伽马与郑和的航海路线做一个比较。达·伽马是从葡萄牙出发，顺着大西洋南下，绕过好望角北上，到达印度。而郑和的路线则相反，是从中国东海（集结于江苏太仓的刘家港，启航于福建长乐的太平港）出发，南下经过马六甲海峡，到达南洋诸国，经印度洋到达

马六甲古城墙和火炮

印度，再绕过印度到达非洲，最远到达非洲东岸肯尼亚的蒙巴萨。1431年，郑和最后一次带船队出海，在回程的路上死于卡利卡特，该地中国古籍里称为古里，是印度西南部一座港口城市，旧译科泽科德（Kozhikode，为马拉雅拉姆语），具体地点在印度西海岸的喀拉拉邦。特别值得一提的是达·伽马也到过这座城市。东西方两位航海家同到一地，此城以此而闻名于世。如今的卡利卡特是印度喀拉拉邦的第三大城市（1991年的人口为80万）。

马六甲是郑和下西洋时多次停留的地方，中国古籍里称之为“满剌加”。10多年里我两次到过此地，每次都要上岸进城，去看望“三保庙”。三保庙建在三保山上，此山按照马来西亚的传说，是给中国公主的赠地。明朝皇帝将汉丽宝公主嫁给马六甲苏丹和亲，苏丹将此山送给公主建宫殿。此事见于《马来纪年》，未见于中国史籍的记载。山上建有三保庙，又称郑和庙，是为纪念郑和船队到访马六甲而建。该建筑是完全的中国建筑风格，青砖筑墙，琉璃绿瓦，飞檐翘角，雕梁画栋，庙内供有三保雕像。郑和（1371—1433），原名马三保，云南昆阳人，回族，明洪武时被阉入宫，称为三保太监，赐名郑和。郑和深得皇帝的信任，委以率皇家巨型船队下西洋的重任。我们拜见先贤，给这位世界航海史上著名的航海家敬献一炷香。

次说船队规模。

郑和历次远航船队一般由62艘大、中号宝船组成。大号宝船长148米，宽60米；另加上战船、粮船、水船等其他辅助船只，船队有船只上百艘。其中第一次出海船队规模最为庞大，共有船208艘，随员包括行政官员、军事人员、航海技术人员、船舶修理工匠、通事（翻译）和医务人员等，人数达2.8万人。

哥伦布首航的船队3艘船，船员90人。规模最大是第二次出海，17艘船，船员1500人。达·伽马出海船队4艘，船员170人。

再说技术水平。

技术可以粗分为造船技术和航海技术。郑和的船队规模非常大，乘员也多，由此推断当时中国的造船技术更加先进。弗格森如此评价郑和的大号宝船："这些船只的规模远远超过了15世纪欧洲正在建造的任何东西。郑和船队定额总船员为28000人，其规模之大，是'一战'爆发前欧洲的任何舰队所不及的。"书中也提到了先进的造船技术："（船有）各自隔开的浮力舱，万一在吃水线下有进水裂纹时可以防止船只下沉。"（尼尔·弗格森《文明》，第12页）

航海技术方面，最主要的应该是指南针。指南针早在中国宋代就发明出来了，郑和的船队使用的指南针（当时叫"罗盘"）技术经过改进应该更好用。我在写《意大利文明与文艺复兴》一书时提到，指南针技术是由阿拉伯水手带到意大利的。1302年，意大利阿马尔菲城的一个商人进行研究改造，提高了指南针的性能，让指南针在地中海地区迅速普及。因此，哥伦布和达·伽马使用的指南针技术水平应该差不多。

这样一比就可以知道，从出海时间、船队规模、航海技术、航线的建立、取得的成果等各个方面，郑和的团队都是远远走在前面的。

航行探险形成的不同结果

那么我们要问：为什么中国的下西洋航行与西方国家的出海探险，对本国乃至对全球的发展形成了完全不同的结果？

哥伦布的探险发现了新大陆（虽然他本人并没有意识到这一点）。后来，在麦哲伦等后人的继续努力下，终于让人类证实自己是生活在一个球状的星球上，使人们对地理的认知发生了质的变化，引起了科学技术的大发展。大航海时代也因此被称为“地理大发现时代”。西班牙、葡萄牙等西方国家发现占领并统治新大陆，从美洲源源不断地攫取巨额财富，让原来落后的西方迅速完成了财富的原始积累，变成世界上最富有的地区，也为后来的工业革命发展打下了资金方面的基础。

达·伽马绕过好望角，把欧洲与亚洲直接联系起来，绕过了由奥斯曼帝国控制的地中海枢纽和中亚地区，通过贸易和掠夺，让葡萄牙一夜暴富，欧洲的财富迅速增长。

从海上交通角度看，哥伦布、达·伽马等人的航海探险，还让欧洲从原来的欧亚大陆边缘地区，摇身一变成为全球的中心地带。这样一来，无论从思想观念、科技发展，还是交通枢纽、财富积累等许多方面，都为欧洲的崛起奠定了坚实的基础。

由此可见，哥伦布、达·伽马等航海家所做的航行探险活动，对近代西欧的发展，对西方工业化、城市化、现代化发展所立下的功绩怎么样评价都不为过。

而郑和下西洋，却正在中国船队取得地理知识、航海技术、航线建立、海外贸易、和平外交等各方面巨大成果时戛然而止，所取得的成果也毁于一旦。航海资料被销毁，大号宝船被拉上岸任其腐朽，造船工人失掉生计，先进的造船技术完全丢失……由于施行海禁政策，影响了中国经济继续发展和积累财富的进程。实际上，大规模海外贸易始自宋代，已经进行了三四百年，比郑和的航海还要久远。如果明朝延续宋朝积极开展海外贸易的政策，无疑会在规模程度上取得更大的成绩。

美国历史学家威廉·麦克尼尔对此有评价。他说，郑和下西洋“可谓真正大规模的行动。它使得一个世纪之后欧洲人在美洲和西印度群岛的首次举动大为逊色……假如1498年达·伽马在印度洋上看到的是一个强大的中国海外帝国，它占据主要港口和战略要道，那么，世界历史肯定会大不相同”。（《西方的兴起·人类共同体史》下册，第554页）

但明朝实行的海禁带来了严重的后果。明代晚期严重的社会危机，以社会生产力遭到极大破坏为代价，再一次带来改换朝代。而这与海禁造成的对经济发展的抑制未始无关，也是明朝的皇帝们难以想象到的吧！

根本原因在于制度

尽管郑和下西洋发生的时间比他的西方同行早近百年，航海持续的时间更长，船队规模更大，取得的成果也多，但是最终没有使中国出现在“大航海列国”里，没有给中国社会的转型发展带来明显变化。究其根本原因，应该说在于制度。

可以将双方的航海行动再做一番比较。

首先，官方与民间性质不同。

哥伦布和达·伽马的航行，完全是一种民间行为。虽然也有政府的支持，但方法是政府与航海家签订条约。政府只是给予有限的支持（授予头衔，任命职务，提供船队、人员和物资等），任由航海家自己去冒险，承担责任。如果失败，个人负主要责任，破产就不用说了，甚至会付出生命代价；如果取得成功，则实行利益分成，包括将发现的新土地分一部分给航海家。

而郑和下西洋是官方行为，完全由政府买单，所以船队的规模才能如此巨大，这样的投入如果哥伦布知道了也会惊吓掉下巴。这是一种完全不计成本的做法，不计成本就不可能有持续性。

其次，目的不同。

哥伦布和达·伽马从事航海探险的目标很明确，就是以国家的名义，跟富裕的东方国家如中国、印度等直接做生意、建立贸易关系，避开奥斯曼帝国等中间商的高利盘剥。因此，达·伽马发现绕过好望角到达印度的航路后，葡萄牙就能通过贸易和掠夺，赚取到大量的利润。哥伦布一开始并没有在新大陆发现什么赚钱的生意，但是很快就找到了门道，开始大量抢劫美洲的黄金白银贵金属，西班牙发了大财。

而明王朝没有这方面的需求。中国本来就富裕，没有产生通过海外贸易赚钱的愿望。郑和的船队在经济贸易方面是没有什么具体指标的。虽然带出去了大量的中国产品，也换回来一些赚钱的货物，但更让他感兴趣的是一些狮子、金钱豹、长颈鹿等奇珍异兽，带回来放在皇家内苑里供皇上欣赏，让皇上高兴。这样的猎奇买卖，说不上是以盈利为目标的海外贸易，不可能赚到钱，不能进入良性循环。

郑和的船队下西洋，既没有建立殖民地的想法，也不可能在贸易中赚到钱，那郑和干什么去了？郑和下西洋主要是和平外交之旅，宣扬明王朝的实力和权威，扩大国家的影响。中国大百科全书对此评价说："郑和下西洋的壮举，建立了亚非国家间的和平关系，提高了当时中国在国际上的威望。船队奉行'共享太平之福'的和平外交方针，赢得了亚非许多国家对中国的信任和友谊。郑和下西洋时期，明王朝声威远播，实为历代所罕见。”

弗格森对郑和下西洋也有一段评价。他说：“与阿波罗登月计划一样，郑和的远洋航行也极大程度地展示了财富和高科技水准。在1416年将一个中国太监送到东非海岸，在很多方面堪比于1969年将美国宇航员送往月球的伟大壮举。”（尼尔·弗格森《文明》，第16页）

郑和下西洋，不但使中国与亚非各国间的海上丝绸之路得以畅通，把中国与亚非国家间的国际贸易事业推进到一个新的发展阶段，也促进了中国产业的发展，为中国开展海外贸易的民间交易打下了基础。事实上，那一段时间的中国形成了以景德镇为中心的瓷器业，以苏州为中心的丝织业，以松江为中心的棉织业，以芜湖为中心的漂染业等。如果明朝不中断郑和开了头的对外贸易事业，不实行闭关锁国政策，保持这些行业的持续发展，也许会最终促成中国社会的转型发展。可惜历史无法假设，这一切都戛然而止。

第三章

世界改变

现代化的领军者

繁花似锦的马德里

西班牙的新首都

马德里或出自阿拉伯语，意思是“水流”。

马德里在历史上的首次亮相是作为前线要塞出现的。卡斯提尔占领托莱多后，摩尔人退居伊比利亚半岛南部，但力量依然强大。北方的基督教国家与南方的伊斯兰国家在一段时间里对峙，马德里就是两军对垒的前线，堪称西班牙的“楚河汉界”。

在双方的较量中，基督教国家是进攻方，摩尔人是防守方。1085年，阿方索六世占领了马德里。当时这里是原生态的荒原，密林蔽日，荆棘封路，野兽出没，人迹罕至。在今日马德里最繁华的太阳门广场上，竖立着一个黑熊爬树的雕塑，再现的就是马德里的原始模样。

环境虽说荒凉，但山河壮丽，风景秀美，远处蓝天下的纳瓦塞拉达雪山像舞动的银蛇，在草原上缓缓流过的曼萨纳雷斯河如飘动的丝绸彩带，平缓的原野上茂密的青草铺就绿色的地毯，麋鹿狡兔嬉戏成为狩猎的乐园。其实当时的马德里也并非绝无人烟，摩尔人已经建筑有一些房子，他们修建了名叫阿尔穆德纳的要塞城堡，还

距离马德里50千米远的曼萨纳雷斯城堡

建了一个清真寺，该寺后来被改建成为圣母玛利亚教堂。阿方索六世国王建了自己的行宫，用作狩猎时的休憩住屋。上有所爱，下必效之，宫廷大臣和贵族也纷纷来此修建乡间别墅，马德里开始变成一个打猎消遣、游玩享受的乐土。

1492年，卡斯提尔人彻底击败阿拉伯人后，为了方便治理扩大了的国土，决定将马德里定为首都，因为该地点位于国家版图的中央。然而迟至1561年，腓力二世才把王宫迁至马德里，这座城市成为哈布斯堡王朝西班牙帝国的中心。从此以后，经过连续不断的开发建设，马德里城区日益扩大。

1808年，拿破仑的法国军队占领了西班牙，西班牙人民进行了强烈的抵抗，马德里成为主要战场。1936—1939年是西班牙内战的时期，马德里也曾发生过壮烈的围城之战，城市的街道变成了硝烟弥漫的战壕。战争带来的是毁灭，不可能有建设。佛朗哥当政时期，虽然是独裁统治，但是社会毕竟有了秩序，建设慢慢恢复。再后来马德里进入和平年代，才真正开始了大规模的建设，进入大发展时期。

马德里掠影

虽然我在10多年里到过马德里两次，但是对一座宏大复杂的城市来说，谈不到能有什么深入的了解，只能说有一些印象。

马德里是一座繁荣的城市。经过数百年的建设，城市规模巨大，设施齐全，大街四通八达，小巷密如蛛网，建筑层层叠叠，风格多样，尤其是文化形态丰富多样，称得上是一颗文化的明珠。据统计，全市有拱门1000个，教堂500座，大小广场300个，各种博物馆80座，还有上百座大大小小的雕塑坐落在大街小巷。

在我看来，马德里最有特色的可能要数大大小小的广场。说一

⊙ 马德里的太阳门广场

太阳门广场上的黑熊爬树雕塑

说给我留下深刻印象的几个广场吧。

先说太阳门广场。太阳门是城市道路的枢纽，其道路结构有一点像巴黎的凯旋门。广场面积1.2万平方米，是城市的中心。以太阳门广场为圆心，10条街道放射状向各个方向延伸，市内的大部分参观点都在离它步行20分钟的范围内。广场周围最突出的建筑物是保安局大楼，那是曾经的中心邮局。钟楼楼顶大钟的时间被西班牙人视为“标准时间”。钟楼下人行道地面上有一块用彩色石子镶嵌、锅盖般大小的圆环，里面的图案是伊比利亚半岛的地图，图中央标有“零千米”（Km.0）字样，是几条国内主要公路的起点，全国公路的里程碑都是从这里算起。此外，太阳门还是马德里门牌号码的起点。许多游客喜欢在上面踩一脚，体验一下身处西班牙中心位置的感觉。

太阳门广场历史悠久，广场上的那尊黑熊爬树的铜像是城市的标志物件，也是马德里初创时期荒蛮景象的历史记忆。1808年5月2日，马德里人民在此地抵御入侵的拿破仑军队，打响了西班牙独立战争的第一枪。这里也是见证西班牙现代化发展的起点：1848年，

塞万提斯广场

这里亮起了第一盏燃烧煤气的街市路灯；1879年，广场上举办了西班牙第一辆有轨电车的发车仪式。这里还是群众欢庆节日的好去处，每年“除夕”夜，市民都喜欢聚集在广场上狂欢守岁，当“除夕”午夜的钟声敲响时，每响一声，人们就咬破一颗葡萄；伴随着12响，人们就会吞下12颗葡萄。据说这样做会给来年的12个月带来好运。

次说西班牙广场。该广场又名塞万提斯广场，是展示西班牙文学成就的橱窗。广场中央有座花岗岩雕刻的高大方锥形纪念碑，碑座上是塞万提斯的巨型大理石雕像。只见他身着披风，颈戴项套，稳坐椅上，手中拿着不朽的著作《堂吉诃德》。纪念碑下方有堂吉诃德的骑马铜像，仆人桑乔·潘沙骑着毛驴紧跟其后。《堂吉诃德》塑造了一个整天活在幻想中的骑士形象，生动地反映了西班牙的社会风情，成为世界文学的瑰宝之一。堂吉诃德的故事反映出西班牙（包括整个欧洲）贵族社会没落的现实，这是一部埋葬贵族阶级的挽歌。该著作出版后，风靡一时的骑士小说消失得无影无踪。将一个广场献给这位作家，说明了西班牙人对文学的喜爱与尊敬。

哥伦布广场上的哥伦布纪念塔

再说哥伦布广场。广场中央矗立着17米高的纪念塔，塔顶上站着哥伦布。他左手指着美洲新大陆的方向，右手握着卡斯提尔的国旗。这个塑像把哥伦布发现新大陆的重要因素都表现了出来。碑体基座有四面浮雕图：北面是帆船和地球，说的是哥伦布乘坐着帆船远航；西面是伊莎贝拉一世女王为资助哥伦布远航献出自己的首饰；东面是哥伦布将自己的航海计划呈献给支持他的迭戈·德萨教士；南面是皮拉尔圣母像，她的形象出现在浮雕里面是因为发现新大陆的那一天是皮拉尔圣母节，皮拉尔圣母因此成为此地的主保圣人。

多姿多彩的城市文化

走在这座城市的街头，既可看到欧洲现代化的宽敞道路和高楼大厦，也能感受到后街小巷里沉淀下来的阿拉伯文化。各种式样的建筑风格都有，从9世纪时摩尔人构筑的城堡，到奥匈帝国、波旁王朝建造的王宫，再到高耸林立的高楼大厦。建筑造型既丰富又漂亮：刺向青天的哥特式尖塔、洋葱模样的阿拉伯屋顶、圆顶穹庐的罗马式建筑、夸张繁复的巴洛克宫殿、方角直线的文艺复兴式房屋，五花八门、争奇斗艳，显示出马德里建筑的多元化和背后的文化多元性。

马德里广场某个街头咖啡馆

这座城市里，各种人员你来我往，各色人种粉墨登场。希腊人、罗马人、西哥特人、阿拉伯人、犹太人等，先后在这块土地上生活，扎根，打斗，表演，就像潮汐变化，潮来涌起惊涛骇浪，潮退留下一片沙滩。西班牙人的性格十分独特，既有法国人的浪漫色彩，又略带英国人的绅士风度；既有阿拉伯人的执着淳朴，又有拉丁美洲人民的奔放激情。西班牙人热情好客，浪漫潇洒，富有幽默感。一位名叫玛达利亚加的作家说："热情是西班牙人的行动准则。"

这座城市里有西方的基督教文化，有东方的阿拉伯文化，还夹杂着非洲的土著文化，如果称它是"混搭的文化艺术"，可能比较贴切。不管是大的景观，还是小的生活细节，不同人群的生活方式都能让人感觉到这座城市的文化多元性，多观察，细了解，就能够品出不同文化间的细小差异。在这座城市里生活容易涌出一种感觉，好像是东方与西方的元素拼贴在一块画布上，传统与现代的艺

马德里典雅的建筑
摄影/段亚兵

术火焰燃烧于一座熔炉里。文化像水一样流动着，像空气一样混合弥散，像化学一样变化无穷，像岩浆一样冷却凝固下来。

城市里有数不胜数的餐厅、酒吧、咖啡屋，可见马德里人讲究生活质量，富有浪漫情调。西班牙的饮食味道鲜美，别具一格。与欧洲许多城市一样，西班牙人每天都要光顾酒吧、咖啡厅，喜欢在这里喝酒、品咖啡聊天，议论天下大事、江湖奇闻、生活琐碎。他们在白兰地烈酒的刺激里满足欲望，在葡萄美酒中幻想艳遇的快乐，在啤酒的苦味里体会世态炎凉，在浓香的咖啡味道里感受生活的温度，不愧为游客评价的“喜悦与满足之都”。

马德里

黑熊爬树马德里，
堡垒变身成帝宫。
金银珠宝如流水，
繁华富贵似镜中。
潮起潮落烟云散，

钱多钱少转眼空。
昔日王宫今犹在，
庞大帝国梦初醒。

高雅艺术的宝库

如果想欣赏高雅艺术，全市的几十座博物馆艺术馆是好去处。马德里拥有众多高档的博物馆艺术馆，培育出多如繁星的艺术家，在漫长的历史中积淀了深厚的艺术土壤，城市弥漫着浓厚的艺术氛围，被誉为“西方美术艺术的摇篮”。

这方面的内容浩如烟海，无法细述，我只讲一讲自己去几个博物馆的见闻。重点说说普拉多博物馆。该馆是世界四大艺术馆之一，与法国巴黎的卢浮宫、英国伦敦的国家画廊和俄罗斯圣彼得堡的美术馆齐名。该馆是收藏西班牙绘画作品最全面、最权威的美术馆，是最令马德里人骄傲的灿烂宝石。该馆是一座长约190米的长方形三层建筑，堂皇而典雅，建筑式样与巴黎卢浮宫有几分相像，与众不同的是大厅上方的穹顶是透明的，阳光直泻而入照亮了宽敞的长廊。该馆收藏了西班牙12—19世纪的绘画珍品，馆内有116个陈列室，收藏展出毕加索、委拉斯开兹、戈雅、格列柯等西班牙世界一流画家和其他国家名画家的作品。

馆内经常展示的有6000多幅名画和雕塑等艺术珍品，更多的绘画作品和雕塑作品收藏在地下室里。这么多的绘画作品，要全部欣赏是不可能的了。好在我们的导游业务熟练，在进入艺术馆门厅时，他先拿了几本馆藏的小册子，在上面选了几十幅精品，用笔勾出来交给我们说：“馆藏的宝贝太多了！我们时间有限，只能挑选比较有代表性的看……”在他的带领下，我们参观了这几十幅最优秀的画作。

我们先是来到委拉斯开兹的名画《宫女》前。迭戈·委拉斯开兹（1599—1660）是文艺复兴后期西班牙的绘画巨匠，《宫女》是他的代表作。导游讲解说："小公主玛格丽特是此画的中心人物。画家本人在画中正操笔作画。该画最特别的是画中套画，在房间深处的一面镜子里出现了年迈的国王夫妇的形象，门后还有探头张望的人影。画面上复杂的构图与空间关系表现出了画家对透视法的深刻理解和高超的绘画技艺……"

接着我们来到戈雅的画作前。弗朗西斯科·戈雅（1746—1828），萨拉戈萨人，西班牙浪漫主义画派画家。1808年，拿破仑入侵西班牙，激起了市民的激烈抵抗和随后士兵们的屠杀。戈雅以此事件为内容创作了《1808年5月2日（起义）》和《1808年5月3日（枪杀）》两幅著名油画。导游开始讲解："第一幅画发生于马德里的太阳门广场。面对拿破仑军队的入侵，市民不畏强暴、拼死抵抗。戈雅将对侵略者的满腔愤怒通过画笔明确地表示出来。这幅画赞扬民众'不自由，毋宁死'的精神，表现民众反抗侵略者的怒火和捍卫独立自由的决心。画面热烈生动，成为人民反抗强暴的经典作品……第二幅画是屠杀起义民众的场面。士兵的枪口对准了手无寸铁、站成一排的起义民众。军官一声令下，战士枪口喷火，市民或中弹倒地，或恐惧掩面，或朝天举手祈求。反抗的鲜血化成追求自由的鲜花……"

虽然看了很多作品，但是我只提到了两位画家和他们的代表作。我感觉这两人可能最受博物馆的重视，博物馆的门口有他们两人的雕像。前门是委拉斯开兹，侧门是戈雅。

看完几十幅名画，我突然觉察到没有看到毕加索的作品。问导游，他说普拉多博物馆里有毕加索的油画，但是他最著名的《格尔尼卡》却收藏在索菲亚王后国家艺术中心博物馆里。毕加索当然要看。我去过欧洲许多城市，只要有跟毕加索有关的场所，一定要去看一看，何况是《格尔尼卡》。一看手表，时间还来得及，那就增

毕加索名画《格尔尼卡》

加一个参观项目。

不一会儿，我们来到了索菲亚王后博物馆，距离不算太远。事实上马德里最重要的三个博物馆（另一个是蒂森-博尔内米萨博物馆）同在一个区域里，构成了所谓的“艺术金三角”。进入索菲亚王后博物馆大厅，天顶高高在上，空旷又宽敞，红色主调的装饰显示出西班牙式的热情格调。就大厅而言，该馆比普拉多要气派得多。

我们迫不及待地来到了毕加索的名画前。嚯！好大的一幅画，这是一幅长7.76米、高3.49米的巨幅油画。该画取材于法西斯纳粹轰炸格尔尼卡镇（位于西班牙北部）时杀害无辜居民的事件。与毕加索的许多作品一样，这不是人们习惯欣赏的那种自然画法，而是几何形的、变形的画面。画面上有愤怒的公牛、被直线切掉右腿的马、表情痛苦的受伤者、恐惧呼喊的妇女、死去的孩子、战士的尸体，中间有一只像人眼一样的灯泡，将法西斯的暴行大白于天下。画面不是全彩色，而是采用黑、白、灰三种单色，让人联想到战地摄影的那种黑白照片，营造出低沉悲凉的氛围，强烈渲染出战争的悲剧色彩。格尔尼卡是个小镇，许多人并没有听说过它的名字，由于有了毕加索的这幅画，法西斯的暴行被永远记载在史册上。

回程的路上，导游意犹未尽，又给我们讲了毕加索和这幅画的一些故事。巴勃罗·毕加索（1881—1973），西班牙安达卢西亚马拉加市人，现代艺术的创始人，当代西方最有创造性和影响深远的艺术家，被公认为20世纪最伟大的艺术天才之一。他实验和创造了许多新奇的、不落俗套的新画法。“超现实主义”是他的探索之一，《格尔尼卡》是其典型作品。

毕加索1937年接受国家委托，准备为将在巴黎世界博览会的西班牙馆创作一幅装饰壁画。正在画家构思时，4月26日德国空军轰炸了格尔尼卡，将小镇夷为平地。毕加索义愤填膺，就以这件事为题材绘画，《格尔尼卡》就此诞生。由于毕加索反对当时佛朗哥的独裁统治，就将此画寄放在纽约现代艺术博物馆中长达43年之久。毕加索去世时留下遗嘱，声明只有当祖国实行民主制度时才能将此画送回去。因此，直到佛朗哥逝世5年后，此画才得以返回祖国。《格尔尼卡》画面令人震撼，而画后的故事更加动人。我得以亲眼看到这幅杰作，实在是不虚此行。

西班牙的黄金枷锁

马德里皇宫

马德里皇宫，又名东方宫，是仅次于凡尔赛宫、维也纳美泉宫的欧洲第三大皇宫。这三个皇宫我都去过，可以做一番比较。凡尔赛宫是建在巴黎郊区的行宫，宫殿与园林融为一体，建筑与环境十分和谐。用一个字形容：美。美泉宫坐落于维也纳近郊，是哈布斯堡王朝的夏宫，豪华而秀丽，前面有大片修剪整齐的园林，精美雕塑点缀其间，可以想象到当年哈布斯堡王朝的威严。用一个字形容：威。马德里皇宫建在一片高地上，站在宫殿的阳台上可以俯视城中景色，据说这是世界上保存最完整、最精美的宫殿之一。用一个字形容：奢。

皇宫外观呈正方形结构，三层楼高。建材全用花岗岩，坚固而庄重，建筑风格是新古典主义与巴洛克式的混合，典雅又奢华。宫殿前面有宽敞的广场大院，摆放着历代国王的雕塑。皇宫里有2800个房间，仅开放少数房间供人参观。房间里挂满了大大小小的吊灯，样式多种多样，有的像彩球，营造节日气氛，有的似簇花，仿佛来到花园。房间里有许多壁画和油画，给宫廷增添了浓厚的艺

⊙ 马德里皇宫 摄影/段亚兵

术色彩。给人印象最深的可能要数那些珍贵的壁毯：质量上乘，构图精美，图案的内容丰富多彩。其中有一幅15世纪时用金银线编织而成的大型壁毯，据说世界上仅此一幅，价值连城。宫殿里还有各种武器甲胄、橱柜家私、陶瓷餐具、雕刻绣品、图书抄本等精致物品，琳琅满目，不可胜数。皇宫内的地下室里还有西班牙历代国王和王后的陵寝，全都用大理石建造，以金银装饰，金碧辉煌，极其华丽。

总而言之，参观了皇宫才能知道什么叫气势慑人的帝王气象，才知道什么叫富丽堂皇的巨厦华屋，才知道人间有如此挥金如土的奢靡享受。这样纸醉金迷的生活需要多少金钱财力才能支撑！

今天所见的皇宫不是最早的建筑，这块地上几番风雨，历经数代王朝。阿拉伯人最初在这里建起军事要塞，抵御北方卡斯提尔的军队。后来哈布斯堡王朝在这里建起了宫殿，于1734年圣诞夜毁于一场大火，于是腓力五世聘请意大利建筑师重新建造，浩大工程直

马德里皇宫对面的皇家阿穆德纳圣母主教座堂

到30年后才完成，此时国王已换成卡洛斯三世。西班牙内战期间，国王阿方索十二世被放逐，皇宫的一部分改为博物馆。如今皇宫已不是王室成员的住所，变成了接待国宾的地方。

从皇宫装饰风格可以看出西班牙受法国宫廷文化的影响很深。这是因为一段时间里西班牙的国王来自法国波旁王朝。1700年，卡洛斯二世去世，其姐姐玛丽亚·特蕾莎与法国国王路易十四的孙子菲利普此时继位，号称腓力五世，从此西班牙王位由奥地利哈布斯堡家族转到了法国波旁家族手中。在马德里，受法国文化深深影响的不仅是皇宫，还有别的建筑，如阿尔卡拉门堪比巴黎凯旋门，普拉多博物馆齐名巴黎卢浮宫等。

不差钱的西班牙王室

西班牙王室太有钱了。他们的钱是哪里来的呢？主要来自南

圣伊尔德丰索宫

美洲。

自1492年哥伦布登陆美洲后的300年里，西班牙对美洲大陆不断地征服，掠夺和殖民。

西班牙征服者最感兴趣的当属黄金白银。南美洲大量的金银矿藏相继被发现。16世纪中叶，在墨西哥发现了萨卡特卡斯等四大银矿，最大的银矿是秘鲁的波托西银矿（今玻利维亚），这里的产量一度占据世界总产量的一半。在新格拉纳达则发现了黄金，300年间共生产了约50万英两的黄金，占西班牙殖民地全部黄金产量的一半。1547年，查理一世建立了波托西城，后来这里的人口达到16万，是当时美洲最大的城市。

据估计，仅从1521至1544年的23年间，西班牙每年平均运回黄金2900千克、白银30700千克。而1545至1560年的15年间数量激增，每年平均运回黄金5500千克、白银246000千克。300年中，共从拉丁美洲运走黄金250万千克、白银1亿千克。

而金银只是西班牙殖民者掠夺的一部分财富。西班牙的农场主还在美洲大陆上大办农场，大量种植甘蔗、烟草、咖啡、可可等经济作物；不断开辟牧场，发展畜牧业。西班牙在拉丁美洲实行一种叫委托监护制和劳役分派制的管理制度，实际上就是一种变相的奴隶制。在长时间繁重的强制劳动下，劳工的死亡率高达30%，在矿山死亡率甚至达到骇人的80%。此外还有大量的海外贸易收入和税收等，数量都很惊人。总之，西班牙的王室榨干了拉丁美洲的财富，在耀眼的黄金白银和骇人的劳工枯骨上，建起了极度繁华的城市和富丽堂皇的皇宫。黄金是奴隶带血的头颅，白银是矿工累累的白骨，葡萄酒杯里盛的是农奴的血汗，奢华生活的光影隐藏了黑暗中的罪恶。

在马德里听到了这样一句话："马德里是通往天堂的阶梯。"如果了解一下西班牙王室金钱的来源，就可以知道这句话的荒谬。罪恶的财富是难以让人上天堂的，只能使人堕入地狱。

成也黄金败也黄金

西班牙人爱黄金。哥伦布探险的目的就是想找到黄金。他说："黄金是一个奇妙的东西。谁有了它，谁就成为他想要的一切东西的主人。有了黄金，甚至可以使灵魂进入天堂。"恩格斯也评价说："葡萄牙人在非洲海岸、印度和整个远东寻找的是黄金，黄金一词是驱使西班牙人横渡大西洋到美洲去的咒语，黄金是白人刚踏上一个新发现的海岸时所要的第一件东西。"

西班牙人海外探险的目的达到了，征服掠夺南美洲，让西班牙王室发了横财。但谁也没有想到，像潮水般涌进西班牙的黄金白银

马德里邮政大楼原名叫西贝莱斯宫大楼

却也带来了难题。简单说，王室富得流油，但国家并没有富裕，老百姓甚至更穷了。这是怎么回事儿？

金银大量输入首先引起了通货膨胀。物以稀为贵，多了就不值钱，金银也一样。大量的金银，使得金银的价值下降，物价迅速上涨。先是农产品价格贵得离奇，接着工业品价格也暴涨。到了16世纪末，西班牙的物价平均上涨了4倍多，谷价上涨了5倍。

涨价不光是发生在西班牙。西班牙的金银流通到国外，让法、英、德等国家的平均物价上涨了2—3倍。涨价带来严重后果：工资升得没有物价快，老百姓变穷了，全国怨声载道；市民购买力下降，造成国内市场日益萎缩；由于产品价格上涨，出口商品在国际市场上失去了竞争力；国内外价格的巨大差异，造成国外商品大量走私入境，让西班牙的工业雪上加霜。

这种情况下，西班牙又做了一件愚蠢的事情，国王腓力二世颁布了驱逐摩里斯科人的敕令。所谓摩里斯哥人就是那些留在西班牙并皈依了基督教的摩尔人，他们中大约有50万人从事工商业。有熟练技艺的摩里斯科人被逐出西班牙，让西班牙经济的发展止步不前。

另一方面，王室家族、贵族和富人独享了西班牙大发金银横财的好处，过上醉生梦死的生活，富人花天酒地的消费行为起了带头作用，让全国刮起了追求奢侈消费和好逸恶劳的风气。这就是西班牙在一夜暴富之后，没有发展制造业，也没有产生工业革命的社会原因之一。

“马德里是通往天堂的阶梯”这句话，如果指的是马德里曾经拥有的巨额财富，这句话有道理，上帝确实特别优待过西班牙人。但是他们没有珍惜，失掉了历史的机遇，在拥有金山银山的财富后，并没有将其转化成生产力，而是用黄金打成豪华的锁链，戴在自己的脖子上炫耀。好看是好看，只是失去了发展的自由而不自知，实在令人叹息。

欧洲枭雄逐鹿中原

近代西方进入战国时期

我们翻开世界地图，仔细看看欧亚大陆，可能会产生许多想法。

欧亚大陆是地球上最大的一块陆地。中国和欧洲分属两端，中国在东方，欧洲在西方。在长时期的历史里，两块地区的发展步伐并不一致。中国于公元前770年进入春秋时期，于公元前475年进入战国时期，经过旷日持久的混战，诸侯国数量大大减少，出现了“七雄争霸”的格局。合纵连横，多谋善战，运筹帷幄之中，决胜千里之外，用战争淘汰弱者。最后改革自强的秦国胜出，公元前221年时，秦始皇统一了六国。

再看近代的欧洲，也是大国兴起，列国争雄，纵横捭阖，征战不已，信奉丛林法则，风行弱肉强食。难道在走中国春秋战国时的老路子？但在时间上晚了2000年。

英国作家尼尔·弗格森写过一本叫《文明》的书。在这本书里，他深入地探讨了西方国家在近代崛起并反超东方的原因。他提出了西方崛起的“六种杀手级应用程序”。其中“竞争”是首要原因。西方国家众多，势力分散，每个国家无时无刻不处在与左邻右舍的激烈竞争中，不胜出就会落败，胜者为王败者为寇，胜出是王者之路。

在书中，他将近代的欧洲与同时期的中国反复做比较。由于中国是个大一统的国家，内部缺乏竞争，因而最终失去了活力。例如郑和七次下西洋，取得了远远超过欧洲几国的辉煌成绩，但如日中天的事业戛然而止。他在书里说：“十分荒谬的是，正是因为欧洲人自我的分裂，所以欧洲人便能统治世界。在欧洲，小即是美，因为这意味竞争，而这种竞争不仅存于国家之间，还体现在国内。”（尼尔·弗格森《文明》，第22页）

尼尔·弗格森的观点很有启发性，道理说得也很透彻。阅读他的书恐怕很难不同意他的观点。也许正因为国家多，不统一，国家间的竞争必然激烈，逼着大家苦思生存发展之道。这恐怕是欧洲崛起的主要原因之一。

下面我们接着讲述欧洲竞争的故事。

盛极而衰的西班牙

在前面讲马德里的历史故事时，我们说到西班牙从南美洲掠夺了大量黄金白银，反而引起国内物价飞涨，打击了西班牙的工商业。而西班牙穷兵黩武，热衷打仗，更是耗空了国家财富。可以说，在16世纪至17世纪上半叶，西班牙一直在打仗。西班牙染指意大利，与德意志新教徒和土耳其人作战，还有英国人，直至席卷欧洲的三十年战争。打仗就是打钱，没完没了的战争背后，是天文数字的军费开支。尤其海军的花费更是无底洞，西班牙的战船越造越大，数量越来越多，花钱越来越多，1574年，腓力二世拥有146艘大帆船，数十年间就增长了3倍。

船虽然越来越多，但是打的败仗也越来越多。最著名的例子是“无敌舰队”的覆灭。1588年，腓力二世派出耗资1000万金币的无

这是17世纪西班牙帆船的复制品

敌舰队进攻英格兰。7—8月，双方舰队在英吉利海峡进行了一次规模极大的格瑞福兰海战。西班牙的舰队极其庞大，有130艘兵船与运输船，近3万名步兵、7000名水手。英国船队规模则小得多。海战开始时，英军出其不意，点燃8艘装满火药的商船攻击西班牙船队。吃了败仗的西班牙船队想要向南撤退，却被强大的南风吹向北面，许多战船失去控制沉没；剩下的船队绕了一个大圈子回国时仅存43艘。这一战西班牙损失战船百余艘、兵员1.4万人。无敌舰队惨败而归，西班牙从此一蹶不振。敌手英格兰自此走上海上强国之路。

经过连年战争，本来是欧洲首富的西班牙，开始向银行借债度日，金钱大量地流入银行家手中。后来支撑不下去的王室开始赖账，害得大债主德意志的银行家富格尔破产。1596年，还不清天文数字债务的西班牙政府宣布破产。1598年，腓力二世死后遗留的债务高达1亿金币。

西班牙更大的厄运还在后面。1700年，西班牙的王位由奥地利的哈布斯堡家族转到法国的波旁王朝，安茹公爵成为西班牙国王腓力五世。对这一变化，最恐惧的是英国。英国怕此变换有利于老对手法国的霸权，因而挑起了西班牙王位继承战争。

战争的过程不用赘述，经过十几年的拼杀，人民陷入水深火热之中，军队也打得筋疲力尽，终于在1713年4月，英国和法国在荷兰的乌德勒支签订和约。根据《乌得勒支和约》，腓力五世保留了西班牙王位，但放弃对法国王位的继承，法西两国永远不合并。法国尽管保住了大陆强国地位，但海上势力被大大削弱了，霸权从此不复存在。而英国在和约中受益最多，从一个岛国上升为欧洲一强。

神仙打架，小鬼遭殃，最倒霉的是西班牙。根据和约，西班牙丧失了比利时、卢森堡、米兰、撒丁岛和那不勒斯等。曾经的欧洲巨无霸、大富豪，最终被打回原形，又龟缩回伊比利亚半岛，成为我们今天见到的样子。

寻找靠山的葡萄牙

前面讲葡萄牙历史故事时，我们讲到1640年，葡萄牙独立党发起革命，驱逐西班牙驻军，拥戴布拉干萨公爵为国王，称若奥四世。经过66年的休养生息，到若奥五世统治时期，葡萄牙实现了中兴，经济一片繁荣。故事接着往下讲。

1657年，在葡萄牙历史上发生了一个严重的事件。原来名不见经传的荷兰经过多年的苦心经营发展成为一个强有力的经营对手，江湖上开始流传“海上马车夫”的称号。后起之秀发展自己的地盘，必然与老牌的航海大国葡萄牙发生冲突。两国开始为抢货源、争殖民据点而大打出手。最为严重的是1657年这一年荷兰海军直接进攻葡萄牙本土，围困里斯本达3个月之久。打不过对手的葡萄牙不得不与荷兰签订城下之盟，用让出利益的权宜之计换取一时的和平。荷兰开始在海外贸易的各个区域蚕食葡萄牙，17世纪葡萄牙对东方贸易的垄断被荷兰摧毁了，葡萄牙沦落为二流国家。

祸不单行。1659年，好不容易从三十年战争中脱身的西班牙，转身向葡萄牙大举进攻。多亏在海外雇佣军的帮助下，葡萄牙军胜多败少，顶住了西班牙的压力。葡萄牙看这样下去不行，开始萌生找靠山摆脱困境的想法，于是双管齐下。一方面，与英国结盟，将阿方索六世的姐姐卡特琳娜嫁给了英国国王查理二世，嫁妆是葡萄牙的殖民地锡兰和孟买。给如此丰富的礼物当然是为了换取英国的保护。另一方面，阿方索六世迎娶法国公主，通过婚姻结成葡法联盟。

找到靠山的葡萄牙，在与西班牙打交道时底气硬多了。1665年，蒙特格拉洛战役爆发，葡萄牙取得了决定性的胜利，25年的独立战争终于画上了圆满的句号。3年后英国促成了葡萄牙与西班牙签署《里斯本条约》。事实证明葡萄牙人攀的亲不错，亲家帮了一个大忙。

有一利必有一弊，虽然在英国的支持下葡萄牙抵抗住了西班牙的压力，但英国也不是吃素的。1703年，葡英两国签署了《梅休因条约》，有利于英国商人在葡萄牙实行垄断，接着双方又签订了军事条约，将葡萄牙绑在了英国的战车上，逐渐沦为英国的附庸国。

18世纪初，历史又给了葡萄牙一次中兴的机会。巴西殖民地迅速发展，又发现了金矿和金刚石矿，使葡萄牙再度变得富有。但是这一巨大财富没有用在发展工业、农业和其他经济上，王室大肆挥霍，人民和国家却背负着沉重的债务，机会再次从葡萄牙人手指缝里溜走了。

尼德兰革命

尼德兰是低地国家的意思，范围包括今天的荷兰、比利时、卢森堡和法国东北部地区。在近代欧洲群雄开始争强时，尼德兰并不起眼，由于王室变动，自15世纪起尼德兰先后归属勃艮第公国和哈布斯堡王朝西班牙。

尼德兰虽然政治地位不高，但经济繁荣，成为西欧的经济中心地区。统治者对这样的肥肉是不会轻易放过的。1535年的西班牙成为地跨欧、美、非三洲的殖民大帝国，国王查理一世把尼德兰视为“王冠上的一颗珍珠”，加强搜刮民脂民膏。每年从尼德兰上缴的金钱，竟然占其王室总收入的一半，比美洲殖民地多3倍。查理一世还设立宗教裁判所，残酷迫害新教徒，迫害致死上万人。有压迫必然有反抗，多地发生暴动起义。1556年，查理一世退位，儿子腓力二世继位。新国王对金钱的榨取更加疯狂，任命自己的姐姐玛格丽特公爵为尼德兰总督，激起了更多人的反抗。1566年8月11日，尼德兰独立战争爆发。起义者们捣毁圣像，没收教会财产，焚烧教会债券和地契，矛头直指天主教会。

在巨大的压力面前，总督玛格丽特一度做出让步，但是腓力二世不妥协，威胁要“砍下每一个应该处死的人的脑袋”，派遣新总督阿尔法公爵率领一支近两万人的军队杀气腾腾来到尼德兰。阿尔法狂叫：“宁把一个贫穷的尼德兰留给上帝也不把一个富庶的尼德兰留给魔鬼。”他大开杀戒，杀害上万人，大路旁风车上挂满了被害者的尸体，白色恐怖笼罩着尼德兰。他还从经济上打击尼德兰，颁布新税制，又搜刮走了巨额财富。高税收使贸易停顿，工商业破产，尼德兰经济受到致命打击。

阿尔法的血腥镇压激起了人民更大的反抗。尼德兰的南方和北方政治运动发展不平衡。1581年，由北方各省代表组成的三级会议宣布废黜腓力二世，正式成立联省共和国，脱离西班牙独立。由于荷兰省在联省中的经济和政治地位最重要，因此亦称荷兰共和国。

英国决定支持尼德兰的独立运动。西班牙无敌舰队就是于1588年被英国海军击败的。西班牙从此一蹶不振，再也无力干涉尼德兰的起义。就是在这一年，联合省宣布成立荷兰共和国。但顽固的腓力二世不肯认输，直到他死后的1609年1月9日，西班牙国王腓力三世才被迫与荷兰签订《十二年停战协定》。40年后，在《威斯特伐里亚和约》中，西班牙正式承认荷兰独立。

尼德兰革命的胜利具有重大意义，西班牙从此更加衰落。革命后历史上第一次出现了一个资产阶级掌权的国家——荷兰共和国。独立后的尼德兰，挣脱了昏庸帝国束缚的镣铐，像骏马插上了翅膀一样一飞冲天。这个国家经济起飞、创造奇迹的故事后面再接着讲。

对尼尔观点的回应

以上列举了一些材料，以西班牙、葡萄牙和尼德兰三个国家为重点，探讨了竞争在近代欧洲诸国发展中发挥的重要作用。尼尔·弗格森的观点非常有道理。这里想继续说一下对这个问题的思考。

西方近代进入欧洲的“春秋战国”时代，欧罗巴大地充满了生气，这也是事实。竞争中会不会也走上一条不断淘汰、最终统一的路子？拿破仑时代的法国好像摆出了统一欧洲的架势，两次世界大战中的德国似乎也显示出了这方面的野心，但都没有成功。随着历史的发展，国际局势发生了极大的变化，世界连成了一片。这种情况下，一个国家统一欧洲的路子可能已经走不通了，欧洲以欧盟的方式走向了联合。虽然这很难与一个单一的国家相比，但是不是预示着欧洲统一的漫长过程就此开始了？实难预料。

如果说发生在世界上的事都遵循一定之规，那么，就像公元前的中国走过的路子一样，欧洲经过“春秋战国”时代，可能也会统一。这种情况下，尼尔·弗格森说的“欧洲的竞争优势”，又怎样体现出来呢？或者说，今天全球是不是又变成了2000年前的中国，或500年前的欧洲大地，几个大国间开始了新一轮的竞争？世界未来的前景究竟会是什么样呢？这是个饶有兴味的问题。

阿姆斯特丹的交易所

世界上第一家交易所

我去过阿姆斯特丹三次，其中两次都去了古老的交易所大楼。这座大楼就在水坝广场里，从民族纪念碑往北走，穿过一家高档的百货商业中心就能找到。

这是一栋4层的大楼，据导游小册子介绍，建于1903年，设计师是荷兰当时拥有“近代建筑之父”之誉的亨里克·彼图斯·贝拉吉，这是他的代表作，当时为世界建筑界瞩目。如今的大楼淹没在了更多的高楼大厦之中，但当年这里可是荷兰的金融财富中心，一举一动对欧洲的局势都会产生极大的影响。从建楼时间看，这里其实还不是证券交易所最初营业的地方，因为阿姆斯特丹证券交易所诞生于1609年，同年成立的还有阿姆斯特丹银行。让我没有想到的是，大楼门口也有一个铜牛，与美国纽约证券大楼门前的铜牛有几分相似。这两个铜牛不知道哪个历史更悠久，也不知道纽约和阿姆斯特丹谁抄袭了谁的创意。

我围绕着铜牛转了几圈，看能不能寻找到当年证券交易所成立时的历史感觉。当时的商人一定会为自己的发明创造激动不已，而

这座红砖大楼是原来的阿姆斯特丹证券交易所，现已改为阿姆斯特丹市的会展中心

老百姓们的看法可能比较复杂，是从中看到了发财的机会，还是对新事物充满了疑虑？更有可能没有什么感觉，不甚关心。

我之所以猜测当时阿姆斯特丹的市民对股票的感觉，是因为我也经历过一次为股票而疯狂的社会事件。1992年8月10日前后，深圳准备发行新一轮股票。几天时间里，全国有上百万的人急速赶来深圳，手里拎着装满了身份证的大口袋来领抽签申请表。所有证券公司营业点前的队伍都排得像长龙一样，排队的人们不管男人女人，前胸贴后背，为了买到股票不管不顾。结果局面失控陷入混乱，市长为此而调职。此事件定为“8・10”事件而被载入中国股票市场史册。虽然时间相差几百年，但人的欲望应该是一样的。看看现在的我们对股票等许多新事物的态度，就可以想象到当时人们的心理反应和做法。听着导游讲述着证券交易所的点滴故事，我的思绪早已穿越时空飞回到此地的彼时……

在大航海时代，欧洲各国都在拼命发展远洋贸易。但这是一项风险极大的事业。首先，先行者葡萄牙、西班牙对发现的航线都作为国家的绝密信息秘而不宣，后来者想发现准确航线需要付出巨大的代价。其次，远洋航行的风险极高，会遇到迷失航向、暴风大雨、风向改变、触礁沉船等各种各样的灾害，稍有不慎就会出现沉船死人的事故。再次，远洋航行投资巨大，除了王室和少数巨贾贵族外，民间要想承担远洋航行的船队费用是不可能的事情。在这种情况下，股份制公司被聪明的商人发明出来了。

1602年，荷兰联合东印度公司成立，这是一个前所未有的经济组织。东印度公司筹集资金的方法是人们到公司登记，在一个本子上记下自己借出的钱。公司承诺，根据股东借出钱的数额给他们分红。通过向全社会融资的方式，东印度公司成功地将分散的财富变成了自己对外扩张的资本。国民中愿意入股当股东的人越来越多，甚至阿姆斯特丹市市长的女仆也成了东印度公司的股东之一。老百姓积攒点钱不容易，为什么成千上万的国民愿意把安身立命的储蓄投入到生意中去呢？首先是因为利润丰厚。远洋贸易太赚钱了！亚洲的香料、丝绸、茶叶、棉花，美洲的金银、烟草，非洲的黄金、象牙等，都是欧洲人喜欢的奢侈品、抢手货。一趟远洋贸易跑下来，赚几倍甚至十几倍的利润都是有可能的。

其次，虽然远洋贸易也存在着巨大的风险。一旦失手，可能血本无归，但是巨大的风险由于政府的加入而化解了许多。荷兰政府也是东印度公司的股东之一，将一些只有国家才能拥有的权利，折合为2.5万荷兰盾入股东印度公司。政府给东印度公司的特权是可以与其他国家协商签订条约，拥有建立军队、发动战争、对殖民地实行殖民统治等权力。这样一来，就把一个经济组织变成了拥有部分国家权力的超级机构。其实力和能耐不要说一般公司，就是那些有政府背景的官商也比不了。

在东印度公司成立后短短5年时间里，它每年都向海外派出50支商船队，这个数量超过了西班牙、葡萄牙舰队船队数量的总和，这就是荷兰人后来者居上的秘密。

理论上讲，入股东印度公司后，做成每一笔生意都能分到红利。但实际上，前10年公司没有付任何利息。公司赚了钱以后不是用来分红，而是再投入，滚雪球，一直拖到10年后，公司才第一次给股东派发了红利。

连续10年不分红利，一般情况下会给人骂死。但是东印度公司不分红，股东却没有闹事。这是为什么？秘密在于1609年荷兰人同时还创造了一种新的资本流转体制，这就是在阿姆斯特丹成立的证券交易所。有了交易所，公司的股东可以随时将自己手中的股票变成现金。阿姆斯特丹证券交易所成为当时整个欧洲最活跃的资本市场，大量的股息收入流入了荷兰人的腰包。仅英国国债一项，荷兰每年就可获得超过2500万荷兰盾的收入，价值相当于200吨白银。

接着荷兰人又建立了银行，让大量的金银货币以空前的速度循环流通，再次创造出了“钱生钱”的奇迹。1609年，阿姆斯特丹银行成立，这比英国人办银行早了100年。经过了400多年的风风雨雨，阿姆斯特丹交易所仍然活跃，2000年9月22日，该证券交易所与布鲁塞尔证券交易所、巴黎证券交易所合并，成立了泛欧证券交易所。荷兰人创造出的金融奇迹的血脉，汇入了更大的金融潮流之中。

有专书评价说：“历史学家们比较一致的意见是，荷兰的市民是现代资本主义制度的创造者，他们将银行、证券交易所、信用，以及有限责任公司有机地统一成一个相互贯通的金融和商业体系，由此带来了爆炸式的财富增长。”（唐晋主编《大国崛起·荷兰》，第132页）

荷兰人大抢葡萄牙人的生意

到17世纪中叶，荷兰联省共和国的全球商业霸权已经牢固地建立起来。此时，荷兰东印度公司拥有1.5万个分支机构，贸易额占全世界总贸易额的一半。悬挂着荷兰三色旗的1万多艘商船游弋在航海家们开辟的航线上。

在东亚，荷兰占据了中国的台湾，垄断着日本的对外贸易。荷兰商船首次来到中国是在1601年。他们先是数次侵占澎湖，屠杀岛上居民；后来进犯台湾，势力一度扩展到台北的基隆、淡水一带。1661—1662年间，郑成功率部把荷兰入侵者完全逐出台湾。

在东南亚，荷兰把印度尼西亚变成了自己的殖民地。印度尼西亚由三千多个大小岛屿组成，是世界上最大的群岛国家，有“千岛之国”之称。印尼原来由葡萄牙控制，16世纪时，葡萄牙日渐衰落，荷兰趁机排挤葡萄牙人的势力，在印尼多次发动战争，建立殖民统治。从1603年起，荷兰先后在爪哇建商站，征服了盛产香料的马鲁古群岛，垄断了班达岛的香料贸易。1619年，荷兰攻占巴达维亚城——即今日雅加达的雏形，将此地作为中心据点。

在非洲，荷兰从葡萄牙手中夺取了新航线的要塞好望角。1652年4月，由船长范里贝克率领的荷兰舰队抵达好望角。后来为了巩固地盘，荷兰人修建了一座用于军事防御的碉堡，发展成为开普敦。1795年，实力更强的英国人占领了好望角。英国向荷兰购买了开普敦一带的整个好望角地区，成交价是600万英镑。

在大洋洲，荷兰用一个省的名字命名了一个国家——新西兰。这件事发生在1642年。前面提到过的荷兰航海家塔斯曼发现新西兰后企图登陆，但遭到了毛利人的攻击。塔斯曼只好放弃，但他以尼德兰西兰省的名字命名这块土地。直到1769年，英国库克船长来到新西兰，将此地变成了英国的殖民地。

在南美洲，荷兰占领了巴西。1621年，荷兰政府批准成立荷属西印度公司，目标是美洲大陆，继续蚕食葡萄牙、西班牙的地盘。经过10年断断续续的战争，西印度公司控制了巴西的很大一部分土地。这次葡萄牙人没有再退让，而是撵走了荷兰人。大约在这个时期，荷兰人还从西班牙人手中夺得加勒比海上的一些岛屿。

在北美大陆，荷兰也有动作。1626年，荷兰在哈德逊河口获得曼哈顿岛，建立新阿姆斯特丹城。但是38年后，英国人又从荷兰人手中夺得这块地方，改名为纽约。

17世纪中叶，西印度公司又在非洲黄金海岸、贝宁海岸等地建立了多处堡垒和商站，开始染指非洲与美洲间贩卖黑奴的生意。到18 世纪初，荷兰奴隶贸易额占世界奴隶贸易额的一半以上。贩卖黑奴是最野蛮、利润最高的一项生意。在黑奴累累白骨上，荷兰人赚取到大量血腥的金钱。以至于马克思评价说："荷兰——它是17世纪标准的资本主义国家——经营殖民地的历史展示出一幅背信弃义、贿赂、残杀和卑鄙行为的绝妙图画。"（以上资料参考自唐晋主编《大国崛起》，第125页）

诸国混战背后的金主

我们在前面曾经讨论过尼尔·弗格森在《文明》一书中提出的一个观点：近代欧洲之所以飞速发展，取得很大进步，是因为欧洲分散，国家多，诸国之间的激烈竞争是每个国家为避灭亡，求生存而拼命发展的动力。

这一章中通过研究几个航海大国鼓励海上探险、建立航线、发展远洋贸易、争夺殖民地等方面的材料，可以看出尼尔·弗格森的论点很有道理。竞争表现最激烈的方式当然是战争。按照马克思主义的观点，政治是经济的集中表现，战争是政治的继续。

而打仗是需要钱的，没有钱仗打不起来。打仗打的是金钱。这方面，荷兰既凶狠又贪婪。说凶狠，是因为它自己也赤膊上阵，敢于刺刀见红。它为争夺经济利益，胆敢与各个国家打仗，甚至对葡萄牙、西班牙等国也不客气，抢占了它们的许多地盘。说贪婪，是因为它凭借着创新的金融工具赚到很多钱，成为世界首富后仍不收手，想要继续以钱生钱，把钱借给各个国家打仗，自己充当战争背后的金主角色。

荷兰能够充当金主，首先是因为拥有阿姆斯特丹银行这样的金融机构。该银行是身兼城市银行、财政银行和兑换银行等多种功能的超级银行，是吸收存款又发放贷款的金融工具。为了保障银行的信用，阿姆斯特丹市通过立法规定，任何人不能以任何借口限制银行的交易自由。由于有大量的金钱，再加上严格的信用体系，荷兰成为当时世界上“最优秀”的放贷人。

当时，几乎整个欧洲都向阿姆斯特丹借钱，借债人包括瑞典国王、丹麦国王、俄国沙皇、神圣罗马帝国皇帝、萨克森选侯、汉堡市政府，甚至还有北美为独立而战的起义军。没有阿姆斯特丹的资金支持，任何战争都打不下去，参战的任何一方都难以取得胜利。

荷兰确实是当时全球最好的战争金主，有一个不可思议的现象证明了这一点：当荷兰和西班牙的军队正在海上厮杀时，西班牙贵族手中的白银仍可以自由地从阿姆斯特丹银行的金库中流进流出。荷兰的银行，可以合法地贷款给自己国家的敌人。

荷兰将自己塑造成战争金主的角色，为欧洲诸国发动战争加汽油添燃料，写下了近代欧洲崛起中最不可思议的篇章。这些举动既让荷兰成为耀眼的明星，也为荷兰后来的衰落埋下了伏笔。

呵护家园

向大海要地

我数次到过阿姆斯特丹，也多次听说荷兰是围海造田最成功的国家，但是一直无缘看看这项工程。终于，在一次行程中安排了这个项目，我们来到了阿姆斯特丹北方阿夫鲁戴克拦海大坝。

据说，美国的一位宇航员遨游天空，在天气晴朗时看到了地球上的两个人造工程项目，一个是中国的万里长城，另一个是荷兰的围海工程。不管这个传说是真是假，中国长城和荷兰围海工程作为超大规模的人造工程项目是不争的事实。

拦海大坝位于阿姆斯特丹市北60千米处。汽车可以开到坝顶上。我们下车一看，嚯，多么巨大的工程！据说堤坝长30千米，一片碧波中长龙横卧，从这头望不到那头。坝顶宽90米，实际上就是一条高速公路，路面宽阔，少有行车。坝身高达7.5米，站在坝顶边有登临海岸遥观沧海的感觉。

宽阔高大的大坝将汪洋海水分隔开。导游讲解说，建大坝前海水是连通的，名字叫须德海。建起大坝后，内外的水域分开变得不

阿姆斯特丹的阿夫鲁戴克拦海大坝　摄影/段亚兵

同。坝外是真正的海水，名字改叫瓦登海。瓦登海再向外就与茫茫北海连了起来，再远处融入了浩渺无涯的大西洋。而坝内则是淡水湖，起名叫艾瑟尔湖。坝两边的水面高低不同，湖面比海面高约8米。

站在坝顶上，大风呼啸，只见北边坝外的海面风高浪急，海波拍打堤坝，激起高大的浪花，此景让人想起苏轼《念奴娇·赤壁怀古》中“惊涛拍岸，卷起千堆雪”的名句。而南边坝内湖面虽平稳，但水面涌动翻滚，让人能感觉到湖水里蕴藏的巨大力量。我在坝顶上来回走动，任寒风吹拂，内心难以平静。如此巨大的拦海大坝工程，建起来是多么不容易。

事实的确如此。眼前的这条大坝建于1918—1932年，费时14年。那个时候没有什么大型工程机械，主要靠人力完成这项艰巨的任务。糟糕的是，荷兰出海口地处滩头沼泽，没有石料。建坝用的大块石头，要从附近的几个国家进口。在许多年里，500多艘大小运输船日夜不停地运来石料，再由人力搬运至工地。

就这样，围海围出来的区域里，设立了荷兰的第12个省——弗列弗兰省。建起了5个围垦区，给国家增加了1/10的耕地面积，而且这些耕地都是高产田。

我走向大坝西头，看到一座数米高的雕像。这是大坝的建造者莱利工程师。只见他穿着厚厚的大衣，挺胸站立，手拿设计图册，刚毅的目光远眺前方。目光刚毅显示出其内心的坚强，否则难以承担如此艰巨的任务吧。在坝上另一处看到了另一座铜雕（140页图），一位工人弯着腰在地下捡石块，让人能够体会到当时建坝劳工的辛苦。

大坝内侧的一栋房子里有个咖啡厅。我们坐在咖啡厅里边喝咖啡，边听导游讲述荷兰人围海工程的艰辛历史。荷兰是世界上海拔最低的国家，小一半的国土海拔比海平面还低。鹿特丹附近的地面最低点居然低于海平面6.7米。荷兰又是一个汇集河流的三角洲，欧洲的莱茵河、马斯河和斯凯尔德河三条大河都流到低地，从这里入海。

落潮时情况还好，涨潮时海水倒灌，沿海的许多地方变成一片泽国。太多的水成了

拦海大坝设计工程师莱利的雕像

荷兰人的大敌，雨季时洪水暴发，涨潮时又海潮泛滥。最严重的时候，海潮加洪水会将大半个荷兰吞没。这样的环境人是难以居住生存的，但荷兰人没有屈服，他们与大自然做斗争，为自己争取生存的土地，围海造陆已有上千年的历史。

怎样做呢？先选择合适的地点建堤坝，然后挖掘沟渠，疏通积水，将堤坝内的海水和不断流入的河水排干。此时的土地可能还是水分太多并含有大量盐分，种不了庄稼，但可以种芦苇，用芦苇吸干水分、改良土质，就能够种粮食了。

围海造地，建坝之外，排水是另一个难题。16世纪时，聪明的荷兰人发明了风车，用风车带动抽水机抽水。只要有风，风车就可以日夜转动，不停地将多余的水排到堤外。据说到18世纪最盛时期，荷兰的风车多达1万多座，以至荣获“风车之国”的美称。后来有电了，用电动抽水机代替了风车，荷兰的风车才慢慢地难以见到。

闻听荷兰人气壮山河的故事，我心中生出几分感动，有了小诗一首：

风车林立日夜转，
海水排干变良田。
人高一招治水龙，
岂容洪魔虐人间。

参观荷兰古迹时，有时会看到一个图案：一头雄狮，脚踏滚滚的波涛仰天怒吼。图案旁边刻着一句拉丁文，中文的意思是“我奋斗，我奋身而出”。这个图案就是荷兰人自古以来治海斗水不屈精神的写照。荷兰人与大自然争斗取得了胜利，因此有人称赞荷兰人：“上帝造海，荷兰人造岸。”

在向大坝告别时，我再次回味美国宇航员说的那句话。万里长城和围海造田两者都是巨大规模的人工工程，如此大动干戈，劳师

荷兰风车村有“荷兰风车博物馆”的美誉　摄影/段亚兵

动众，都是为了保护自己的家园吧。中国修长城是为了抵御长城外游牧民族对长城内农业民族没完没了的抢劫行为，以保护辛勤耕作者能够安居乐业，荷兰围海造陆，也是为了这里的人们能够生存和发展。

风车村的风车

风车村真实的名字叫赞瑟斯汉斯，位于阿姆斯特丹西北17千米处。由于路途不远，风景如画，这里成了到阿市时必定要去打卡报到的一个景点。我几次去阿市都没有缺席风车村。

风车村最大的特点是风车，有“荷兰风车博物馆”的美誉。风车村的出现，既是保护文化遗产的措施，也是满足旅游需求的做法。1970年，荷兰政府在赞瑟斯汉斯建设露天民俗文化博物馆，将在全国搜集到的35座保存完好的荷兰风车屋，移到博物馆区域集中保护起来。

这一天，我们来到了风车村。与之前来的几次相比，总的面貌没变，但屋舍的颜色更鲜艳了，种植的花草更茂盛了，湖水更清洁了，空气更清新了，总的来说，景色更优美了。

参观风车村分为3个部分。首先，当然是看风车。按照设计好的路线往前走，活动活动筋骨，呼吸呼吸新鲜空气，在不同的风车屋下照照相，这样的享受确实难找。如果有时间，还可以进入风车屋里详细观看，研究风车的机械原理，观看风车是怎样为磨麦子，锯木头，榨菜籽油，制烟叶提供动力的，还可以欣赏能工巧匠的手工技艺。

其次，可以去住宅区看看。这里比较幽静，环境优雅，小桥流水，深巷古屋。房子样子各不相同，墙壁上的斑驳残迹显示出岁月的长久。房前屋后种着繁多的花草，墙头屋壁上也爬满青藤，吊着鲜花。如果在这样的环境里居住几天，烦躁的人也会安静下来。

再次，可以逛逛小小商业区。这里游人最多，纷纷照相留影。这里有制作木鞋的工厂和商店，摆满了大大小小的木鞋。导游介绍说，荷兰有“四宝”：国花郁金香、风车、奶酪和木鞋。由于荷兰海拔低，湿地多，道路泥泞不堪，贫穷的农民买不起鞋子，又不能赤脚走在结冰的地上，于是想出了用木头做鞋的办法，选合适的木料，雕成鞋头上翘的船形鞋，鞋内垫上柔软的干草，舒服又暖和。木鞋在荷兰流行已有500年的历史，如今的荷

⊙ 笔者在荷兰风车村留影

⊙ 风车村宁静的住宅区　摄影/段亚兵

兰人虽不再穿，却成为游人喜欢的工艺品。木鞋商店门前摆着几双大若小船的木鞋，一家三四口人都可以站在里面合影。我每次到来都不忘站在大大的木鞋里留影一张。这里还有出售其他各种工艺品的商店。比如说荷兰的小陶瓷就挺有意思，像荷兰憨态可掬的小奶牛、面对面站立弯着腰打算亲嘴的小男孩小女孩之类。每次去我都会买一两件带回来摆在书柜里，一看到这些工艺品就想起了在荷兰旅游的快乐日子。

其实我最喜欢待在河边观看来来往往航行的货船。风车屋建在河边，沿线排开，有的地点还修建有观景台，可以站在岸边和观景台上，看河水中长长的货船穿梭运货。这景观既是美丽的船运景色画，也是饱含沧桑的历史风云图，很容易就让人想起荷兰曾经辉煌的造船史。17世纪时的荷兰是排世界首位的造船大国，仅阿姆斯特丹就有上百家造船厂，全国可以同时开工建造几百艘船。荷兰的造船技术是当时世界上最先进的，造价比其他国家低1/3—1/2，荷兰的船在欧洲是抢手货。

此状况强烈影响了当时千方百计想崛起的俄国。1699年，装扮成工人的彼得大帝来到荷兰造船厂实习干活，一心想将荷兰的先进技术学到手。他也确实学成了，后来亲自办起了俄国的第一所航海学校，建立了俄国的第一支舰队。在俄国强兵富国的过程中，造船技术和航海技术发挥了重要作用。风车村里有一座房子叫彼得小屋，当年彼得大帝来荷兰时曾经在这里落过脚，如今是个小型博物馆。据说当年的彼得大帝也对风车村的优美景色赞不绝口。

半天的观光活动很快结束了，让人有一种意犹未尽的感觉。世界造船大国在历史凄雨苦风吹打下，无可奈何花落去让人唏嘘不已。但当年风车大国的形象在风车村里多少保留了一些下来，让人们依稀能够想象到当年荷兰原野里风车林立的壮观景色。

羊角村的羊角

羊角村位于艾瑟尔湖的东面、阿姆斯特丹的东北方向，一个多小时的车程，处于荷兰政府选定的热门旅游路线的黄金圈里。为什么叫羊角村？据说18世纪时，煤矿工人们在这里挖煤时突然在地底下挖出了一堆一堆的羊角，经地质考古学家们研究鉴定，这些羊角埋在地下已有600多年的历史。据推测当年这一带发生过一次特大洪水灾害，当洪水铺天盖地冲过来时，大批的野山羊避之不及被淹死在此处，于是，人们就以“羊角”为此村落命名。

我曾两次到过羊角村，可以将两个村做一个比较。论观看的内容，羊角村好像不如风车村丰富；但论地貌景观，感觉羊角村要更胜一筹。

羊角村最大的特点是水，拥有小水都的风貌；风车村也有水，但羊角村的水更多。风车村观光时主要是在陆地上行走，而羊角村主要在水面上行舟。

⊙ 羊角村的美景天下少有　摄影/段亚兵

羊角村有大湖，湖面十分开阔。村子里水系发达，河汊密布。小运河把村子分割成许多个小块的住宅地，房与房、院与院之间小河流水，小桥连通。小河不算宽，但可行船。邻居串门也是要划船过去。条条河道上建有许多小拱桥，以方便桥下行船，不想划船时也可以登桥而过。但是湖泊里有一些小岛，没有桥梁相通，出入必须乘船。在羊角村，船是主要的交通工具，家家户户都备有小船。我感觉羊角村与威尼斯有几分相似，算是微型的水城吧。

在这样的小水城里观光，坐船是肯定的啦。游船比居民家的船要大一些，但限于水道的狭窄，船也不是特别大，七八米长，两三米宽，船上的座位并排可以坐三四人。我们上了船，顺着村中的运河水道慢慢游荡，感觉十分好玩。两船相遇时，船上的游客们互相热情地打招呼，显得十分亲切友好。

羊角村水系更发达，出门需要坐船　摄影/段亚兵

游船可以开得更远，开进湖泊里，在宽阔的水面上绕湖一周。游船或劈波飞驰，激起浪花；或压浪缓行，让游客饱览风光；或干脆停泊在水面上，随波浪漂浮。清风徐来，水波不兴。头上有水鸟盘旋，湖面上天鹅展翅、水鸭嬉戏，好像是一幅美丽的水彩画，游客也高兴地嬉笑欢叫。

羊角村的第二个特点是环境幽静。羊角村地广，湖阔，人少（据说羊角村有三千多名村民），加上人们环境保护意识强，管理严格，呵护细心，全村面貌整洁美丽。乘船环绕村庄，经过许多独栋别墅小院，房屋样式不同，个个显得漂亮，房顶是尖形的，用苇草铺成。苇草房顶原来不值钱，是买不起砖瓦的穷人们用的，而现在却成了昂贵的奢侈品，价格是砖瓦的几十倍，有钱人才用得起。

⊙ 羊角村的运河里百舸争流　摄影/段亚兵

茅草房顶不但表现出自然情趣，看起来漂亮；而且冬暖夏凉、防雨耐晒，确实好用。房子周围绿树环抱，繁花簇拥，草地如毯，将院子装扮得格外美丽，进入羊角村好像是进入了大公园。

屋舍院落本来就漂亮，环绕着的一条条运河水道，更是增添了村庄的秀色灵气。小河水面上倒映着栋栋房屋的影子，让人产生出水底下另有一个村庄的错觉。羊角村真是美若仙境。有人赞羊角村是“童话版的威尼斯”，此话有几分道理。

潮起潮落

俗话说，花无百日红，世界上各种事物的变化都是如此。天有阴晴，月有圆缺，海水潮起潮落，中国古人是懂“否极泰来”这个道理的，荷兰的衰落其实并不是一件特别令人奇怪的事情。

荷兰起步于13世纪，发展于15世纪，独立于16世纪，辉煌于17世纪，衰落于18世纪。在400多年的历史里，花开花谢，潮起潮落，写下了历史上的重要篇章。

探讨荷兰衰落的原因，其实都跟其崛起的原因有关。有因就有果，长成参天大树的秘密存在于种子之中。

一是昔日的伙伴翻脸成仇敌。

17世纪上半叶，面对强敌西班牙，英国和荷兰一度联合作战，然而战胜西班牙后，英荷开始争夺霸权。这就是19世纪英国首相帕麦斯顿那句“没有永远的朋友，只有永远的利益”的意思吧。这方面中国唐代的柳宗元也说过一句话，叫做“敌存灭祸，敌去召过”。存在共同敌人，才是建立联合战线的最好条件。共同的敌人消失了，再好的伙伴也会为利益打起来。

英国与尼德兰之间前后进行了四次战争。第一次战争爆发于1652年。原因是英国颁布了针对尼德兰的《航海条例》，限制尼德

◎ 在荷兰看到的许多油画　摄影/段亚兵

兰与英国的殖民地通商，进出口英国的货物只准使用英国的船只。尼德兰不服，兵戎相见。英军赢。第二次战争发生于1665年，双方因为抢夺海外殖民地再次开战。尼德兰赢。第三次战争爆发于1672年，这次是英法联军联合对尼德兰宣战。荷兰海军在四次战役中打败英军。尼德兰赢。第四次战争发生于1780年，因尼德兰偷偷摸摸地支持美国独立战争，被英国抓住其把柄而宣战。此时的英国海军

⊙ 在博物馆里见到一艘荷兰战舰的模型 摄影/段亚兵

势头正盛，而因富而腐的荷兰军队军备废弛。由于双方的实力已经悬殊，战争结局无悬念，英国大胜。

几十年仗打下来，证明英国拳头更硬。英国打破了荷兰垄断海上贸易的局面，夺取了荷兰的一部分殖民地，使荷兰降到二等强国的地位。

尼德兰不光与英国四次开战，也与法国作战，还插足西班牙王位继承战、奥地利帝位继承战，甚至与西班牙联合镇压意大利西西里岛的起义等。穷兵黩武，四面出击，频繁作战终于耗光了荷兰的巨额财富。

二是成也贸易败也贸易。

18世纪时，西欧各国逐渐结束了内部混乱局面，集中精力处理经济贸易事务。许多国家之间开始直接贸易，阿姆斯特丹转口贸易的地位有所下降。各国眼红荷兰在贸易中获得高额利润，纷纷设立高关税壁垒，用对本国企业进行高补贴的办法与荷兰竞争。例如英国两次颁布《航海条例》，极大地削弱了荷兰的贸易优势。

此外还有一个制造业衰退的要害问题。荷兰国小人少，发展制造业的先天条件不足。因此荷兰走的是一条重贸易、轻工业的路子，而贸易的萎缩，又进一步引起了工业的衰退。1740年，荷兰的拳头产品——丝毛混纺哔叽的产量，降到17世纪末的1/10水平，呢绒产量只有17世纪末的1/3。经济的衰退又让荷兰大量的熟练工人流失海外。荷兰衰败最快的是捕鱼业和航运业，这是荷兰最早期原始积累的主要产业。由于法国武装船的劫掠干扰，捕鱼业受到严重打击，而海外贸易业的受挫最终也导致了造船业的衰退。

三是贪图重利丢失本钱。

18世纪的荷兰成了全世界的借贷国。有个形象的比喻说“荷兰就是一个由舰队守卫的账房”。当债主有好处也有坏处。你放贷大笔款项给了其他国家，就要想办法与借贷人搞好关系。欠钱就像虱子，虱子多了不咬人。借出的钱少时，借钱人怕债主；借的钱多时，债主怕借钱人。如果关系搞坏了，借款人可能要赖不还钱；如果双方兵戎相见，那债主更是有可能血本无归。荷兰最大的一笔借贷损失，是将钱借给法国人成为烂账。1789年，法国大革命爆发后，法国停止偿还借款，让荷兰的债权人损失惨重，一夜变成穷光蛋。

四是殖民体系崩溃。

荷兰崛起后，曾经从葡萄牙和西班牙手中抢夺了许多海外殖民地，成为它发财的源泉。但是一报还一报，英法等后起之秀强大后，如法炮制也开始抢夺荷兰的海外殖民地。

在与英国和法国打仗时，荷兰不断丢失海外殖民地。北美的殖民地新阿姆斯特丹（即纽约）被英国人占领后，荷兰人便专注于亚洲。郑成功将荷兰人赶出中国台湾后，荷兰人的殖民地只剩下东印度群岛（包括今印度尼西亚、马来西亚、巴布亚新几内亚等）和南美洲的几个小岛。二战期间，东印度群岛被日本占领。二战结束后，世界上大多数殖民地获得独立，旧的世界殖民体系不复存在，荷兰的殖民地也就基本丢光了。

在殖民地丢失、海外贸易衰退的过程中，东印度公司的经营也开始出问题。东印度公司的贪污腐化早就不是新闻。据说东印度公司的红利极高，可以达到20%，但是东印度公司的真实盈利状况是个谜。实际上公司在负债经营，不惜通过借债，向股东发放红利。

⊙ 有一幅油画反映了荷兰当年水上的欢乐景象　摄影/段亚兵

1780年后，公司实际上已经破产。荷兰殖民地巴达维亚（今印尼雅加达）的荷兰侨民过着非常奢侈的生活，高级住宅处处都是，尽情享受荷兰海外殖民地纸醉金迷的生活而心安理得，正是这些人把东印度公司的财产变成了自己的私财。

以研究世界经济体系著称的沃勒斯坦对荷兰在历史上起到过的作用评价很高。他认为："在资本主义世界经济体系中，只有荷兰、英国和当今的美国起到过世界性的作用。"

荷兰突兀崛起，又迅速衰落的故事让人嘘唏。

荷　兰

好个海上马车夫，
遥海探险成列强。
围海造田建大坝，

风车排泽变模样。
造船布阵震列国，
撒网捕鱼销远洋。
穷兵黩武燃战火，
打回原形梦一场。

白银大量流入中国的影响

美洲的白银大量流入中国

大航海时代到来，世界从此变得完全不一样。欧洲成为大航海时代的弄潮儿，随着这一潮流冲上了世界经济的潮头。而中国虽然有郑和七次下西洋，却最终与大航海的时代机会失之交臂。大航海时代既然是全球的潮流，就不可能不影响到中国，最突出的表现是白银大量地涌入中国，对中国的经济社会发展造成了深刻的影响。

西班牙、葡萄牙掠夺美洲，发现了大量的金银矿，这正好解了西方国家与中国做生意时缺乏硬通货的窘境，于是白银开始大量输入中国。据外国学者的估算，1800年以前的两个半世纪里，中国获得了大约6万吨白银，大概占世界有记录的白银产量（自1600年起为12万吨，自1545年起为13.7万吨）的一半。（参考资料：王花蕾《近代早期白银流入对中国经济的影响》，山西财经大学学报，2005年第5期）不夸张地说，中国是当时世界白银最后的沉淀池、藏金库和窖藏地。

白银货币促进了中国经济社会的发展

白银大量输入，对中国造成了什么影响呢？

首先，解决了货币供给不足的问题。中国一直是缺乏货币的国家。古代中国使用的主要货币是铜钱，但是铜钱价值低，携带和储存不方便，难以承担经济大规模发展对巨量货币需求的重任；而且更要命的是中国产铜量不高，铜钱本身不够用。自唐宋以来，中国多次闹“钱荒”，货币不足成为长期制约古代中国商品经济发展的瓶颈。可能就是这个原因，中国成为最早发明纸币的国家，早在宋代时就出现了名叫“交子”的纸币，是世界上最早的纸币，比西方国家纸币出现早了600多年。

但是，“交子”作为一个新生事物，问题很多。由于社会没有建立起信用制度，纸币容易带来通货膨胀。中国历史上反复出现的严重通货膨胀是许多朝代崩溃的原因之一，例如，金、南宋、元的灭亡都与纸币恶性膨胀有关。

白银大量进入中国，解决了长期困扰古代中国的货币供给不足的问题，让社会经济很好地运转了起来，促进了经济的迅速增长，明朝由此而经济繁荣。有一个现象有点奇怪，按理说金银突然大量进入一个国家容易引起通货膨胀问题，就像西班牙，但是中国没有出现这样的问题。黄金大量输入西班牙引起了严重通货膨胀，100年里物价上涨了4倍；相比之下，中国的大米价格在明朝近300年时间里，上涨了近5倍，相当于一个世纪只上涨了1.7倍，比西班牙低得多。

其次，促进了社会经济的快速发展。1567年（隆庆初年），明朝准开海禁，中国外贸目的地及于欧洲和美洲，恰逢来自海外的白银供应进入了井喷时期。当时，迅速发展的市场交易需要大量的白银作为交换媒介，反过来规模巨大的市场才能吸纳海外巨量白银的输入，中国就这样成了当时世界白银最好的金库。美洲白银与中国市场完美结合，为明朝出现消费社会提供了坚实的货币支撑和活动空间。1573年（万历元年），晚明的繁华程度达到高峰。当时的江南才子唐寅（唐伯虎）的诗句描写了市井的极度繁荣：

世间乐土是吴中，中有阊门更擅雄。
翠袖三千楼上下，黄金百万水西东。
五更市买何曾绝，四远方言总不同。
…………

再次，中国开始卷入世界经济大网络中。郑和下西洋活动代表着中国主动走出去，促进了中国与海外的经济贸易活动。后来白银大量输进中国，丝绸、瓷器、漆器、茶叶等中国商品大量出口到海外市场，说明中国经济与全球经济的联系越来越紧密。在外贸活动中，中国一直是顺差一方，由此获得了大量的白银。西方一位学者写道，中国商人在马尼拉尤其著名，他们用丝绸和瓷器换取马尼拉大帆船跨越太平洋运来的美洲白银。他们还经常到访荷兰殖民地首都巴达维亚（雅加达），向联合东印度公司供应丝绸和瓷器，以交换白银和印尼香料。（杰里·本特利、赫伯特·齐格勒著，《新全球史·文明的传承与交流1000—1800年》，第339页）

中国社会为何未能转型?

历史学家们认为，中国明朝后期工商业发展充分，一些行业中已经开始出现了资本主义的萌芽。但是，中国始终没有出现像意大利文艺复兴那样的社会变革，没能完成从封建社会到资本主义社会的转型。以下试着猜测一下其中的原因。

还是从白银说起。白银大量输入中国促进了经济的发展，中国南方的很多城镇成为专业制造业的中心，例如，佛山镇的制铁业、景德镇的制瓷业、松江的棉纺织业、浙江嘉兴石门镇的榨油业，等等，开始出现专业化的分工、新型的雇工关系等，也就是人们所说的“出现了资本主义的萌芽”。但是，明朝时南北经济发展极不平衡，南方的富裕和北方的贫困形成鲜明的对照。北方的饥民形成了大量的流民，成为李自成起义的群众基础。最终局势失去控制，明朝廷丢了江山。

清朝时仍然拥有大量白银，货币充足，工商业继续发展，甚至出现了“康乾盛世”。对其他国家多年的贸易顺差，让世界白银积累在中国，也使得西方国家购买中国商品时囊中羞涩、缺少硬通货。包藏祸心的英国人最终用鸦片与中国做生意，一举让中国在双方贸易中变成逆差国。结果是中国的白银大量外流，国民身心被毒品摧残，国没有足够的财力，没有合格的兵员，中国最终陷于贫困、落后、挨打的败局。

国家拥有全世界一半的白银，但未能引起社会转型，问题还是出在社会制度上。中国在明清时代，脱离了全球发展的主要潮流，在现代化、工业化过程中错失了历史机遇，远远地落在了西方国家的后面。简单说可能有以下几个原因。

一是压制工商事业的发展。重农抑商是封建社会的中国长期执行的国策，而在明清时代更为严重。斯塔夫里阿诺斯的看法是：“明朝政府极力控制，压迫商人阶层，这是中国社会同西方社会根本的、最有意义的差别。”明朝时南部中国的工商业虽然已经十分发达，但是其发展的命运掌握在朝廷手里：放松一点，工商业就能迅速发展；一打压，工商业即刻凋零。这一点上，将明朝与文艺复兴时期的意大利的情况比较一下就看得比较清楚（详细情况写在本人著作《意大利文明与文艺复兴》一书中，有兴趣可以看一看）。

二是朝廷腐败，敲诈横行，贪污成风。明朝晚期，皇帝沉迷于各种享受，挥霍无度，不理朝政。以万历皇帝为例，从万历十四年（1586年）开始，朱翊钧沉湎于酒色之中（也有人说他是染上鸦片烟瘾），竟然长达30年不出宫门，不理朝政。宦官们利用权力中饱私囊，过着奢侈的生活。腐败和无能遍及官吏充斥朝廷，削弱了国力。在这样的恶劣环境中，工商业不可能正常发展。

三是禁锢思想，迫害知识分子，造成万马齐喑、不敢说话的局面。明清两代，统治阶级对知识分子实行的禁锢思想、以言治罪的严厉打压措施，让近代中国失去了民主、科学思想生长的土壤。

四是实行闭关锁国的政策。此做法让中国的知识分子与世界思想界失去了联系，以至于在地理大发现、大航海时代，世界逐渐连成一片、社会开始转型的关键时刻，中国国民蒙在鼓里、啥都不明白，更谈不到抓住机遇。

由于以上原因，近代资本主义在西方国家生机勃勃、快速发展的时候，中国反而陷入固步自封、止步不前的局面。斯塔夫里阿诺斯评价说："在世界历史的这一重要转折关头，中国的力量转向内部，将全世界海洋留给了西方的冒险事业。难以置信但不可避免的结局是，西方蛮族在几个世纪里使伟大的'天朝'黯然失色。"（《全球通史·1500年以前的世界》，第445页）

第四章

文明贡献

人类文明宝库中的瑰宝

光彩夺目的巴塞罗那

悠久的古城

我发现，许多国家都有两个城市暗中争强的现象。比如说美国的华盛顿与纽约、德国的柏林与慕尼黑等。两个城市相比，往往是南方的城市比较富裕，海边的城市比较洋气，一般被称作为海派。而北方的城市往往地处国土中部或者北方，这可能是考虑到做首都的地缘需要。因为是首都，掌握着国家的政权，政治色彩更浓厚。

西班牙也是这样。首都马德里和巴塞罗那两个城市的争锋可能更加明显。马德里是首都，但是巴塞罗那更吸引人。巴塞罗那自大自傲，不光是因为海滨城市拥有海派的风韵，市民的荷包更鼓一些，而且历史更久远，资格更老。在巴塞罗那人眼中，马德里是一个小字辈，乳臭未干，土里土气。

在讲马德里的故事时，我们说过9世纪时马德里只有阿拉伯人建的前线桥头堡，国王腓力二世将王宫迁到马德里是16世纪的事。而巴塞罗那不同，此地的历史最早可以追溯到公元前6世纪，古代地中海东岸的航海民族腓尼基人是最初的建造者。公元前4世纪，隔海相望的北非迦太基人来了。有一位名叫哈米尔卡·巴卡的人在此落户

巴塞罗那港口　摄影/段亚兵

繁衍，巴塞罗那就是由这个巴卡（Barca）家族的名字演变而来。他是迦太基的将军，是这个地区早期的开拓者，有三个儿子，最出名的就是老三汉尼拔。当年在迦太基与罗马的争霸战中，汉尼拔驰骋于亚平宁半岛，打得罗马人落花流水。后来，还是罗马人打败了迦太基人。

5世纪时巴塞罗那被哥特人占领，8世纪初又被摩尔人占领，并一度被摩尔人作为王国首都。8世纪末巴塞罗那被纳入查里曼大帝的法兰克王国。12世纪时巴塞罗那成为地中海沿岸最大的港口城市。1137年，通过一次婚姻，加泰罗尼亚与亚拉冈成为联合王国，选择巴塞罗那为首都。14—15世纪，巴塞罗那到达巅峰的时期。

15世纪时，卡斯提尔的伊莎贝拉一世嫁给了亚拉冈的王子斐迪南。1474年，伊莎贝拉一世成为卡斯提尔国女王；1479年，斐迪南继位，成为亚拉冈国王。两国联合执政，为后来西班牙统一奠定了

巴塞罗那港湾　摄影/段亚兵

基础，但巴塞罗那失去了原来亚拉冈王国首都的地位，这是巴塞罗那最失意的时刻。尽管巴塞罗那失去了作为一国首都的显赫地位和种种好处，但保留了相当大的自治权，城市发展的脚步并没有因此变缓慢。

然而，巴塞罗那命运多舛，18世纪时再次受到打击。此时西班牙的国王是波旁王朝的腓力五世，他加强中央集权统治，废除了加泰罗尼亚自治区的自治制度。当时的巴塞罗那算得上全国最繁荣、最现代化的城市。19世纪时，西班牙工业发展迅速，巴塞罗那是全国工业最先进的城市，于1832年建立了第一家蒸汽机纺织厂。

巴塞罗那濒临地中海。地中海实际上是欧亚非三大洲之间的一个内海。东面是亚洲，南面是非洲，西面和北面是欧洲。由于地中海地区雨水少而蒸发量大，所以沿岸国家能够享受到充足阳光，绝大多数日子里，晴空湛蓝，万里无云，阳光灿烂，空气清新，景色

巴塞罗那街头鱼形的建筑　摄影/段亚兵

艳亮，让人们心情舒畅，真是世界上少有的宜居地区。

多年里，我行走过地中海沿岸的许多国家，美丽海湾的迷人景色给我留下难忘的印象。先说北岸的欧洲国家：雅典蔚蓝色海域里鼓着白色风帆的游船往来穿梭，披着古希腊文明的光影；威尼斯水城漂浮在瓦蓝色的海面上，陶醉在光荣的历史遗梦中；克罗地亚石壁陡峭的海湾里游轮密集的倒影映在海面上，好似一幅色彩斑斓的油画；亚得里亚海峡里风急浪涌，仿佛听得到古战场兵家搏杀的声音；法国马赛港口深蓝色的海面上，来自世界各地的远洋货轮较量实力；袖珍精致的摩纳哥环抱的海湾里，停泊着数不清的豪华游轮争出风头。南岸的非洲大陆我去过埃及，领略过大不相同的另一种风光：沙漠同海水手拉手五指相扣，黄色与蓝色构成奇幻的景色。

巴塞罗那的街景

东岸是亚洲：以色列特拉维夫古城雅法港口的古老灯塔前，数量不多的木船寂寞地停靠在碧波里；土耳其伊斯坦布尔喧闹的海峡里，来自黑海的巨流滔滔不绝地涌向地中海。西岸是西班牙：巴塞罗那繁忙的港湾里，游轮穿梭，桅杆林立，是一幅航道忙碌、港湾热情的图景。

由上所述，可以理解巴塞罗那地理位置的重要性。在悠悠历史岁月长河中，巴塞罗那能够始终在重要港口城市排名靠前是有充分理由的。事实上，如今的巴塞罗那港仍然是地中海沿岸最大的港口和最大的集装箱码头，不愧是“伊比利亚半岛的明珠”。

五光十色万花筒

巴塞罗那作为一座历史悠久的古城，陈旧与新颖并列，古老与现代比美，衰老的树干上不断开出娇艳的新花，万花筒里连续变幻出五光十色的奇景。

如果从市政地图看，巴塞罗那城区的划分倒是比较规整。我们以港口为地标说起。港口所在的这个区叫旧城区，旧城区的上面（东北面）是扩展区，旧城区的左面（西北面）是蒙特惠奇区，蒙特惠奇区的上面（东北面）是新区，新区与扩展区相连，扩展区的下面（西南面）又回到了老城区。

与许多历经沧桑的城市一样，巴塞罗那分为老城区和新城区。新老城区内的景色不大一样。新城区广场宽阔，道路笔直，道旁绿树成荫，建筑现代感十足。新区街景固然时髦好看，但是老城区里有许多教堂、宫殿、古罗马城墙遗址、石块铺砌的古老路面，景观迷人，更受游客们的欢迎。

巴塞罗那港口有一个和平门广场，广场中央矗立着哥伦布纪念塔　摄影/段亚兵

老城区中有一部分叫哥特区，是城市的心脏。哥特区起源于古罗马时代，历史遗迹比比皆是。在这里，能够见到古罗马的城墙遗迹，无言地讲述着巴塞罗那2000多年的历史故事。13世纪哥

兰布拉大街

特式建筑兴起时，巴塞罗那当然也不会落下，建造了大量的哥特式建筑，有灰色厚重的石块墙体、高大宏伟的建筑结构、华丽的拱门和橱窗、巴洛克式的繁复装饰、冲向天空林立的尖塔。哥特区的名称可能就是由此而来。

巴塞罗那不仅拥有众多的历史悠久的地标建筑，还有商店林立的热闹商业区：街道两边有奢侈品店、服装店、音乐品店、古玩店、画廊、艺苑，还有数不清的酒吧和咖啡厅。有一条大街被称为“唐人街”，不知道这个名字是怎么来的，因为这里没有几个中国人，大量移民来自非洲国家。古城南边的城墙外是海岸区，新老海港是巴塞罗那出入地中海的门户。

我们的观光从港口旁边的和平门广场开始。和平门广场又名哥伦布广场，广场中央矗立着哥伦布纪念塔，塔高60米，用贵重的赭红色大理石建成。塔顶上有哥伦布立身像，塔身上刻有“光荣属于哥伦布”“向哥伦布致敬”两行大字，还有记载哥伦布航海事迹的碑文。塔体上雕刻有西班牙女王、印第安人，以及各种各样的动物形象。纪念塔建于1888年，塔内设有电梯，乘电梯上到高处，可以眺望港口的秀丽景色。

离哥伦布纪念塔不远的地方就是港口。港口里停泊着众多游艇，有一艘白色的木帆船格外引人注目，这就是哥伦布第一次出海探险时乘坐的“圣玛利亚号”木帆船。该船长25米，宽8米，排水量90吨。帆船是复制品，真船实际上在哥伦布第一次航行途中触礁沉没了。

和平广场向北街市方向有一条大道叫兰布拉大街，是巴塞罗那最重要的一条大道，相当于深圳的深南大道。顺着大道向北走，我们来到了王宫。王宫与大教堂相邻，中间是国王广场。广场上有一处古老的台阶区，数百年间风吹雨打历尽沧桑，发生过无数奇特好玩的事情。

我推测，我们今天所走的路线就是当年哥伦布所走过的路。500多年前的1493年4月16日，哥伦布远航美洲探险归来。他走下帆船，由和平门广场进入城市，经过兰布拉大街来到了国王广场的台阶前。他一步一步登上台阶，弹冠振衣，拜见伊莎贝拉一世女王，向她汇报发现新大陆的各种奇特见闻。哥伦布献给女王的礼物包括美洲产的西红柿、玉米棒、奇特水果等。最吸引人们眼球的是浑身羽毛五彩斑斓的鹦鹉，奇特的鸟发出像人语一样的声音，让女王的眼睛放光。从港口到兰布拉大街沿途，喜欢热闹的市民群众列队欢迎哥伦布。他们从未见过这些珍稀物种，发出了阵阵欢呼声。女王在国王广场为归来的英雄举办了隆重的欢迎仪式，这是女王与哥伦布最荣光得意的时刻。

我坐在台阶上看着眼前的景色，回想着当年的情景。哥伦布远航发现美洲大陆，让西班牙开始了对南美的殖民统治。今天说西班牙语的大量南美移民来到了西班牙，成为新的劳动大军；许多人长

举办首届巴塞罗那万国博览会的场馆——国家宫　摄影/段亚兵

留在此地，这块土地成为他们的第二故乡。

这一带景观很多。大教堂是巴塞罗那最壮观的哥特式建筑之一，建于13世纪，工期长达150年。教堂里的地下埋葬着圣女欧拉利娅，她是巴塞罗那的主保圣人。旧王宫里设立了两个博物馆，一个名叫弗雷德里克·马雷斯博物馆，另一个名叫城市历史博物馆。

国王广场不远处是圣若梅广场，广场上有一栋大楼是市政厅，加泰罗尼亚自治区政府设在这里。有一条通往南边港口方向的道路，叫亚威农大街，街上有许多名牌服装店和杂货店等。毕加索很喜欢这条街，他按照自己的所见所闻，创作了《亚威农少女》，毕加索博物馆也在这一带街区里。

第二天，我们到蒙特惠奇区的山丘上参观。这里是城市的制高点，可以俯瞰港口。上山的路平缓，东侧临海处是悬崖峭壁。这一带山丘上原来有城堡、监狱和刑场，牧场和耕地遍布。为办万国博览会，巴塞罗那将这片土地变成了美丽的公园。

大兴土木的时间是1929年，为巴塞罗那万国博览会准备各种场

巴塞罗那体育场内 摄影/段亚兵

馆，之前巴塞罗那已于1888年举办了一届万国博览会，由此可见其吸引力。

我们首站来到万国博览会的主场馆——西班牙的国家宫。国家宫是一座罗马宫殿式建筑，四角有4座钟楼，中间是大型的圆形穹顶，让我联想起佛罗伦萨百花大教堂的穹顶。该建筑规模巨大，据说可容纳2万人，如今被改建成加泰罗尼亚国家艺术博物馆。

站在楼顶高处往下看，西班牙广场景色一览无余。该广场是全市最大的广场之一，也是为万国博览会建的配套设施。俯瞰广场，视野开阔。广场中央并排立着四根高大的罗马柱，柱前有一个巨大的圆形水池和造型复杂的喷泉，喷泉前面并列着两座高高的红砖方塔，样子酷似威尼斯圣马可广场的钟楼。方塔右侧有一个巨大的圆形建筑，让人联想到罗马的斗兽场，但建筑风格有所不同，据说是摩尔式的。再往前面，景观有些杂乱无章，但显得繁荣且充满了活力。再往远处又是一座山丘，森林密布，绿色苍茫，山形缓缓起伏，在天空中勾画出美妙的天际线。

看完国家宫，我们乘车沿山路而上，来到了体育场。体育场的样子像一座小山丘，拥有巨大的穹顶。场馆外貌古朴典雅，内部设施却新潮现代，连在外墙上的火炬台都是用不锈钢制作的，高18米，据说无论在市区任何地方都能看到它。该场馆也建于1929年，是为万国博览会举办各种赛事和大型活动配套的场馆，后来经过扩建和翻新，成为能够容纳8万观众的奥林匹克体育场，1992年第25届奥运会的许多赛事就在此场馆举办。山上还修建了大量文化、体育设施。沿着山间小路，我们走马观花参观了城堡、西班牙村等名胜。山坡上的一处喷泉，泉水从梯形水坛的台阶流下来，形成一层一层小瀑布，十分好看。有一处石料群雕，男女青年拉着双手跳民间舞，能够感觉到他们的欢乐。这里成为巴塞罗那市民们游玩、休闲的好去处。

下山的路上，有几处是观看港口的好地点。放眼望去，已经成为水上乐园的旧码头游人如织，众多的游船停泊在港湾里随碧波漂摇；白色的浪花水线一道接着一道卷向长长的海岸，金色的沙滩上棕榈树随风摇曳；更远处是新港区，深蓝色的海面上停泊着许多万吨货轮，景色之美，世上少有。

有人说，巴塞罗那是欧洲最具魅力的城市。早在17世纪，大文学家塞万提斯曾赞美巴塞罗那："这里有彬彬有礼的市民，是流浪者的庇护所、勇士的故乡。这里有正义和忠贞的友谊，市容之美举世无双。"巴塞罗那表露出威尼斯水都的神韵，像一位披着白纱裙坐在海边的美丽女郎；散发出巴黎花都的浪漫，像是花仙子披着豪华的盛装来到了人间；卖弄着阿姆斯特丹艳都的风情，将热情、妖娆、风骚烩入一锅，做成一盘丰盛的浓味美食。

闹独立不消停

巴塞罗那是加泰罗尼亚自治区的首府。历史上加泰罗尼亚的分

巴塞罗那街头雕塑　摄影/段亚兵

离主义一直没有消停，直到如今。2015年那次去巴塞罗那的几天里，我们能看到一些居民的窗户外挂着一面旗帜。导游告诉我们这是加泰罗尼亚的区旗，表示市民追求独立的诉求。

在西班牙，加泰罗尼亚区的独立运动由来已久。公元前加泰罗尼亚被古罗马帝国占领征服，后来虽然先后被摩尔人和法兰克王国统治，但享有一定的独立权。当时的加泰罗尼亚伯爵，曾将势力扩张到了法国普罗旺斯、意大利西西里和希腊的一些地区，国力盛极一时。在漫长的历史进程中，加泰罗尼亚形成了自己独特的语言、文化和风俗习惯。

1137年，由于一次王室之间的联姻，加泰罗尼亚和亚拉冈实现统一。1469年，由于卡斯提尔的女王伊莎贝拉一世与亚拉冈国王斐迪南结婚，西班牙最终实现了统一。但当时对各地区的实际控制不算严格，加泰罗尼亚保有自治政府。西班牙的统一给加泰罗尼亚带来很大好处，让该地区名声远扬。当时地中海一带流传着这样一句话："连地中海里的鱼，都在鳞片上别着加泰罗尼亚徽章中的四条杠。"

17世纪，加泰罗尼亚的分离主义运动出现第一个高潮。该地区先是争取法国路易十四的保护，但这一举动被西班牙政府压制住

加泰罗尼亚自治区政府大楼

了。后来在西班牙王位继承战中，加泰罗尼亚宣布支持奥地利哈布斯堡王朝的查尔斯大公，结果法国波旁王朝胜出，腓力五世执政。腓力五世出兵镇压加泰罗尼亚，废止了该区的自治权。

19—20世纪，加泰罗尼亚人的分离主义运动再度活跃起来。1931年，在选举中赢得广泛支持的领袖宣布加泰罗尼亚独立，但这是一个难以实现的目标，最终加泰罗尼亚与中央政府达成妥协，于1932年通过了自治法令。西班牙内战时期，佛朗哥政府对加泰罗尼亚的民族主义实行镇压政策。佛朗哥死后，政治环境改变。1977年，加泰罗尼亚实行有限制的自治；1979年，实行全面自治，建立了自治区政府和议会。2015年11月9日，加泰罗尼亚议会投票赞成实行独立的决议。2017年10月10日，加泰罗尼亚自治政府主席普伊格登莫尼特宣读独立宣言，27日，加泰罗尼亚议会投票宣布从西班牙独立，而中央政府当然不会坐视不管，立即判定其违宪，于30日正式收回加泰罗尼亚自治权，全面接管这一地区，同时解散加区政府和议会。11月8日，西班牙宪法法院正式宣布，加泰罗尼亚议会此前单方面宣布独立无效。

看来世界已经进入多事之秋。对于欧洲，英国“脱欧”可能会引起连锁反应：英国内部有苏格兰要求独立公投、北爱尔兰的分离动向，加泰罗尼亚的独立运动也是其中的一环。欧洲发展的大趋势，究竟是在走向联合统一，还是像钟表的摆锤一样，经过一个周期后，其统一的动力达到顶点后，开始向相反的方向摆动？

由此我又想到了尼尔·弗格森关于分散的欧洲是其竞争力优势的理论。也许西方注定要走与东方不同的道路，过去是这样，将来也还是一样。只不过在时光已逝、局势不同的条件下，分裂仍然是欧洲竞争力优势吗？再度活跃的独立分离运动究竟会对欧洲、对世界的发展前景产生什么样的影响呢？如果弗格森说得对，曾经欧洲的分裂格局，是它实现现代化的首要原因和强劲动力。那么对未来来说，究竟是统一的欧洲有竞争力，还是分裂的欧洲更有竞争力？这个问题只能由历史来回答。

巴塞罗那

地中海洋吹暖风，
巴塞罗那传美名。
迦太名将开基业，
罗马帝国建行营。
哥郎[1]返航献珍奇，
女王美洲露雄心。
加泰罗人闹独立，
山雨欲来风满城。

---

① 哥郎，即哥伦布。

高迪的建筑美学

高迪其人

在巴塞罗那我们用了一天时间，专门参观高迪的建筑作品。高迪的建筑太美了，不愧为世界人类文化遗产的瑰宝。巴塞罗那因为有高迪，变成了令人羡慕的城市。巴塞罗那人热爱他们的高迪，为拥有高迪而备感荣耀。

安东尼奥·高迪（1852—1926），出生于加泰罗尼亚的小城雷乌斯一个普通的工薪家庭。高迪是为建筑而生的。恰好那个时期国王决定要全面改建巴塞罗那，工商界的富豪们纷纷斥巨资投入基建工程，建筑师的职业由此成为香饽饽，有条件的孩子都想学建筑。在这种社会氛围中，高迪选择学建筑不足为奇，1870年，他进入巴塞罗那建筑学校就读。

但是，高迪的家庭接连发生不幸的事，先是刚刚从医科学校毕业的大哥不幸去世，接着母亲病故，再后是姐姐离世，留下一个幼小的女儿。备受打击的老父亲带着外孙女来到巴塞罗那找儿子，还没有完成学业的高迪，只能兼职赚钱养家糊口，但困难没有压倒高迪，反而成了磨砺他坚韧不拔精神的磨刀石。

高迪雕塑　摄影/段亚兵

如果说高迪选学建筑是时代给了他机遇，那么出众的业务能力就是来自他的天分和勤奋。26岁的高迪初露锋芒，为一所大学礼堂设计了“维森斯之家”的方案，这也是他的毕业作品。大胆新奇但有点出格的设计构思引起了争议，但最终还是通过了。可尽管校长拍板投出了赞成票，心里还是有点不踏实，他说：“真不知道我把毕业证书发给了一位天才，还是一个疯子！”100多年后校长可以放心了，因为这项作品被评为世界文化遗产。

1878年，高迪26岁，这一年对他十分关键，不仅拿到了建筑师的资格证书，也遇到了自己职业生涯中的贵人。这个人名叫欧塞维奥·奎尔，成为他的保护人、合作者和真正的朋友。高迪的性格比较古怪，但奎尔不介意，他看重的是高迪的罕见才气。他开玩笑似的评价说：“正常人往往没有什么才气，而天才常常像个疯子。”高迪每想出一个新奇构思，别人视作疯狂，而奎尔却欣喜若狂。他们两人一人设计，一人投资，成为绝佳的合作伙伴。他们合作完成的奎尔公园等一系列项目，都成为建筑精品而为巴塞罗那人和来自全世界的游人喜爱。高迪一生设计的作品中，有17项被西班牙列为国家级文物，其中7项被联合国教科文组织列为世界文化遗产。

高迪终生未娶，除了工作外似乎没有任何别的爱好和需求。他脸上本来就留着络腮大胡子，又整天沉着脸、没有表情，让人捉摸不透。他不喜欢接触外人，也不善于与人打交道。除了奎尔，他没有别的朋友。他不是不懂西班牙语，但只说加泰罗尼亚语，甚至对工人交代工作时也是如此，如果工人听不懂，就由他的助手翻译交代清楚。他吃饭很简单，也经常为工作忘记吃饭，这种时候就由他的助手塞给他几片面包充饥。他穿衣更是随便，衬衫又脏又破，一套衣服往往穿几年，而且几天不换。穿得这样寒酸，上街时竟被人当成乞丐要施舍他。

1926年6月10日，巴塞罗那为第一部有轨电车通车举办典礼活动，突然启动的电车撞倒了一位身体消瘦、衣着寒酸的老人。兴高采烈参加活动的人们没人注意这件事，老人被送到医院后不久断了气，被当作流浪汉准备送到公共坟场里草草埋葬。在寻找老人亲属时，有一位老太太认出这位老人是高迪！面对此等惨事惨象，在场的人说不出话来。出殡那天，几乎全城的人都出来为他送葬。

神圣家族大教堂

来到巴塞罗那，哪怕你逗留的时间再短、参观项目选择得再精，也不可能漏掉神圣家族大教堂（简称“圣家堂”）。我两次到巴塞罗那，每次都被安排看这个项目。第一次没有安排好，没能进到教堂里边去看一看。第二次如愿以偿进入教堂，这让我喜出望外，弥补了多年的遗憾。

圣家堂位于城市北面的扩展区。游客们先要站在远处观看这座哥特式教堂的外貌，走得太近了，相机是没有办法拍到全景的。眼前的教堂体量巨大，气势磅礴，屋顶上的数座尖塔高达170米，直冲云霄，其中并列的4座尖塔更是高大尖利，格外突出。导游讲解说，这座建筑已成为巴塞罗那的象征，高耸的尖塔代表着城市四周的高山，教堂前的湖水代表城市濒临海洋。湖水也叫“反射池”，在合适的角度摄影，教堂的身影会倒映在湖水中，出现上下各有一座教堂的奇妙景观。

我在欧洲看到过无数哥特式教堂，都是巍峨的身躯，高高的

神圣家族大教堂　摄影/段亚兵

尖塔，建筑表面总的说来显得平整光滑，有一种简洁流畅的感觉。然而圣神家族大教堂不是这样的。它的外墙看上去凸凸凹凹，疙疙瘩瘩，楼体外形的线条也不算平直，好像小孩画画线条画不直，有一种原始、粗犷的感觉。这是一种新的审美体验，透出一种野性的美，好像是平时看惯了乖乖的家猫，突然眼前出现了一只吊睛白额猛虎，惊吓一大跳后产生一阵快感。这是我第一次看到圣家堂时的感觉。

高迪并不是圣家堂的最初设计师，也不是最后的建筑师。圣家堂建造起始于1882年。第二年高迪才接手，这一年他31岁，青年英才。此后的43年里，他为这个项目付出了自己毕生的心血，直到去世时也才完成了约1/4的工程量。

我们走到了教堂门前。与其他教堂一般只有一个正门不一样，该教堂东西南三面有三个大小差不多的正门。门极其高大不说，围

圣家堂大门顶上的雕塑
摄影/段亚兵

圣家堂大厅顶上的复杂结构　摄影/段亚兵

绕着大门墙头上还有主题明确、内容丰富、复杂多变的图案，讲述耶稣一生的故事。东方门的主题是“诞生”，西方门的主题是“受难”，南方门的主题是“荣耀”（还未完工）。这三个主题代表了耶稣的三种角色：“诞生”说的是耶稣作为一个人诞生，“受难”说的是耶稣死而复生成为救世主，“荣耀”预言世界末日时耶稣将是主持最后审判的法官。

走近看，大门围墙上的图案实际上是群雕像。按照《圣经》中的文字描写，将各场景、各人物用形象展现出来。相对巨大的教堂，雕塑只能算是小点缀。但高迪对此也是一丝不苟，人物个个栩

圣家堂的高塔　摄影/段亚兵

栩如生。据说为了让雕刻的人物真实可信，高迪用心地寻找合适的真人做模特。他以一个教堂的守门人为模特雕刻犹大，以一个彪形大汉为模特雕刻屠杀儿童的百夫长，为了真实地表现当年犹太国王下令屠杀数百名婴儿的暴行，他真的找来死婴制成石膏模型做模特，让工匠们感到毛骨悚然。

每个门上方有4座尖塔，三座门共有12座尖塔，这代表耶稣的12个门徒。每4座塔还簇拥着一个中心塔，这象征着基督本身。到2012年时已建好两个门上的8座尖塔。我们是在东方门的远处照相，东方门的4座尖塔因此显得更高大一些。

如果说在门外观看极其丰富复杂的雕塑群像，已经让人感到不可思议，那么进入教堂大殿里的一瞬间，更是被宏伟的空间震撼了！中殿的拱顶高达45米，侧殿拱顶高30米。大殿内有数不清的柱子，主柱极其粗壮，主柱上面分叉成为分柱，分柱上面又分叉成为细柱，支撑起整个屋顶。这种结构形状让人想到了大树的主干和分枝，事实上，这就是被称为高迪“平衡式结构”的特点，完全靠结构本身实现平衡，体现出高迪“建筑像一棵树那样长着”的主张。

教堂内部构造没有平面和直线，而是螺旋、锥形、双曲线、抛物线等各种线条变化的组合，形成多种图形的拼合，呈现平滑自然的状态，让人感觉像是进入了大自然的山林和溶洞。对自然采光的考虑也独具匠心，两侧的彩绘玻璃窗分别是暖色调和冷色调，加上不同时间阳光的照射，大殿里的光线千变万化，教堂变成了巨大的万花筒，弥漫着梦幻的色彩。这是高迪一贯的设计原则，他不会挖空心思地去“发明”什么，只想仿效大自然。他写道：“只有疯子才会试图去描绘世界上不存在的东西。”

看着这个已经施工130多年还没有完工的建筑，大家十分关心大教堂究竟什么时候能够建好。按照比较乐观的看法，工程将于2026年，即高迪逝世百年纪念时完工。如果届时能够完工，那也建了144年。尽管现在大教堂未竣工，但已经成为世界上最著名的建筑精品之一，被联合国教科文组织确定为世界文化遗产，这真是人类建筑史上的一个奇迹。

将城市变作艺术作品

看完神圣家族大教堂，我们来到了奎尔公园。这是高迪的另一个代表作，也被联合国教科文组织列入世界文化遗产。

奎尔公园是高迪的那位贵人朋友、富商欧塞维奥·奎尔委托他设计的一个房地产开发项目，原计划要建造60栋花园洋房。由于购房者兴趣不大，别墅住宅的建造还没有动工，只完成了大门建筑、

⊙ 奎尔公园大门（从内往外看） 摄影/段亚兵

中央公园、高架走廊等公共设施部分。公园里已经建好了两栋几层高的住宅楼。其中一栋粉红色的是高迪自己的住屋，他在这栋楼里居住了25年，如今这里辟为高迪博物馆。从投资角度看，这虽然是个失败的项目，但因高迪的设计独具匠心而成为一个精品建筑而扬名世界。当时连美国媒体都漂洋过海，采访高迪，报道此项目。

我们进入奎尔公园，仿佛进入了一个童话世界。大门口的两栋门房楼，有红色墙壁、白色屋面、蘑菇样的圆顶、蓝白相间的花棒式小尖塔，好像是梦幻环境里的魔法楼。拾级而上，来到了一个场地空旷的“百柱厅”，准确地说是有86根罗马陶立克柱子支撑的大厅，据说原打算在这里开设一个市场，可能因为没有住户至今空空荡荡，我看见场地中央站着一位中年男艺人在拉小提琴，悠扬的琴声回响在空间里。

百柱厅上方是一个宽阔的观景天台，也被称为大自然广场，这里是社区的中心小广场。这里可以观景，散步，供小孩们玩游戏。观景的话，往上可以欣赏远山绿色的美景，向下可以俯瞰街区的市井百态。围绕着观景台，建起了一圈座椅，据说座椅的长度世界第一。座椅用石砌成，形状蜿蜒曲折，用彩色马赛克碎片贴面，既光滑又好看。我特意坐在椅子上休息一下，感觉靠背弯曲，坐着很舒服，看得出高迪设计椅子时特别注意了人体工学。导游讲解说，高迪不许情侣进入这个公园谈恋爱，看到卿卿我我的恋人，保安人员会出面干涉。高迪的古怪做法让我们笑起来，仔细想一想也可以理解：对于终生不恋不婚的人，恋人们的亲昵行为要不会诱惑他，要不会伤到他的自尊心。

观景台的场地并不是平整光滑的水泥地面，而是铺了一层粗沙石。导游解释说，高迪设计观景台时考虑了排水功能。天下雨时，粗砂石屋面能够蓄水，雨水多了会通过下面百柱厅的柱子（柱子中间是空的）流出去，流到树林草地里滋养大地。百年前的高迪就有如此自觉的环保意识真让人赞叹。

与高迪的其他建筑项目一样，奎尔公园的建筑看不到平面和直线。一条长长宽宽的走廊，采用斜柱支撑。建筑的外墙没有一处是平直的，弯曲的墙壁上有许多好看的装饰。

⊙ 公园入口处的雕塑十分有趣　摄影/段亚兵

建筑物上大量使用碎彩色瓷片装饰墙面。进大门处有一个大蜥蜴雕塑，身上的彩色瓷片让蜥蜴显得很可爱；百柱厅的屋檐也是用彩色碎瓷片贴面，像一条彩龙飞舞。还有石阶、石柱、石椅等，也处处贴满了彩色瓷片或马赛克，颜色鲜艳，五彩斑斓，营造出一个童话天地的梦幻氛围。

离开奎尔公园，我们又去参观一些高迪设计建造的别的建筑物。没有时间进入每栋建筑里边参观，我们只是看看漂亮的建筑外形，留影纪念。造型独特、式样别致、风格多样的各式建筑，让我

公园里的建筑
摄影/段亚兵

⊙ 高迪的另一个建筑作品——“巴特罗之家”
摄影/段亚兵

特别喜爱，留下了很深的印象。

奎尔宫是高迪为奎尔家族设计的住宅楼，位于闹市区。该建筑的突出特点是铁艺，铸铁雕花大门、石柱上的铁制装饰物，坚硬的钢铁制品在高迪手里变成了柔软的艺术品。奎尔宫已被列为国家级古迹，被联合国教科文组织定为世界文化遗产。

巴特罗宫的特点是以龙为主题，再现了传说里圣乔治屠龙的故事场景。高迪设计的屋顶是龙骨的形状，此屋因此被称作“骨头之家”。屋面是凹凸不平的龙鳞状，楼梯为龙脊形，墙壁装饰设计成龙鳞花纹。配上海蓝色瓷砖，营造出海洋的背景，龙游大海，可谓是十分贴切的艺术构思。

米拉宫好像是用石头堆砌起来的，因此也被称为“采石场”。建筑上没有一处线条是直的，全是平滑的曲线。屋顶高低错落，墙面凹凸不平。旋梯、窗台、石柱、回廊，全是波浪造型，宛如波涛汹涌的海面。最具魅力的是屋顶平台上造型奇特的三十来个通风烟囱，身披铠甲的士兵、蒙面的武士、神话中的怪兽、直立的海螺……什么都有，就是不像烟囱。有人评价米拉宫是高迪体现自然主义最成熟的作品，高迪也自认为这是他建造的最好房子。该建筑也被定为世界文化遗产。

高迪一个人的众多作品被列为世界文化遗产，这在全世界是绝无仅有的奇迹。高迪以一人之力撑起了巴塞罗那艺术的一片天空，他的建筑为这座城市增添了极具特色的艺术色彩，他将加泰罗尼亚的艺术提高到了一个新水平。巴塞罗那为拥有这样一位天才的艺术家而备感荣耀，拥有了高迪，这里就成为一座艺术之城。

西班牙的画家们

毕加索的画看不懂?

旧市区哥特区蒙特卡达路15—17号的一处房子，被辟为毕加索博物馆。这是一栋建于14世纪的古老住宅华屋，在幽静的庭院里种植着枝叶青翠的棕榈树，石块大砖的墙面显得古朴，巴洛克式的窗户透露出华丽。门边有一个大大的B字形红木标牌给人印象深刻，上面写着“毕加索博物馆”，馆里收藏的主要是毕加索少年时期的作品和“蓝色时代”的系列作品。

世界级大画家毕加索的博物馆当然不容错过，行程再紧也要挤出时间看一看。据说毕加索的个人博物馆一共有4个，一个在法国巴黎和昂蒂布，一个在他的家乡马拉加，一个就是巴塞罗那的这一间。在这里设立博物馆是因为他一生中很长一段时间是在巴塞罗那度过的。

巴勃罗·毕加索（1881—1973）出生于西班牙南方的安达卢西亚自治区的马拉加市。传说他幼年时就表现出画画的天赋，不愿意和其他小孩玩游戏，而是经常花上几个小时涂鸦，表现得十分愉快。毕加索的父亲是手工艺美术学院的教授、画家，很早就给了儿

毕加索博物馆

子严格的绘画基础训练。8岁时，毕加索完成第一件油画作品《斗牛士》，13岁时，他的画作首次展出。

14岁那年，由于父亲工作调动，全家一起到了巴塞罗那。在这座城市里毕加索度过了多愁善感的青年时代。15岁时，他以优异成绩进入巴塞罗那美术学校，后转入马德里皇家圣费南多美术学院。

19岁时，他来到巴黎，在这里度过了4年时间。这期间他的绘画第一次形成自己的风格，被称为“蓝色时期”。这个时期他的作品背景蓝，人物蓝，蓝色是主调颜色。23岁时，他定居巴黎蒙马尔特区，有了女朋友，生活变得浪漫。于是，蓝色时期宣告结束，开始进入“玫瑰红时期”。这一时期作品的画面上多是身材魁梧，或者富有青春活力的人。盛年的毕加索迷上了非洲的雕刻，画面的颜色变成了灰褐色。接着又进入“立体主义时期”。40多岁后，进入了他最神秘的“超现实主义时期”。1973年，92岁的毕加索走完了他辉煌的一生，静静地离去。

毕加索名画《亚威农的少女》

毕加索在巴塞罗那生活过一段时间，城市里的许多地点因为他而成为著名景点。老城区的毕加索博物馆是他年轻时的住宅。老城区里还有一个名为“四只猫”的咖啡馆，是巴塞罗那的艺术家喜欢的聚会地方，毕加索曾频繁光顾这里与朋友们聊天，他的第一次个人作品展览就在此处举行。

老城区圣若梅广场有一条往南边港口方向去的道路，名叫亚威农大街。毕加索很喜欢这条街，他根据自己的所见所闻，创作了《亚威农的少女》。这幅画画于1907年，当时他26岁。该作品收藏于纽约现代艺术博物馆。这幅画是毕加索的代表作之一，让我们对这幅画做一些分析，以了解画家的艺术特点。

画这幅画时，正是毕加索画风改变的一个重要时刻。他十分重视创作此画，用炭笔、铅笔、水彩和油画，创作了30多幅草图、小稿和人物速写。由于受到非洲雕刻艺术、画坛野兽派等影响，他不断重新描绘和修改画中人物的脸面，最后简化为抽象的形状：左面三个女人有了非洲面具那样的杏仁眼和拉长的鹅蛋脸；右面两人变形更加严重，像是用木刻刀雕刻出来的脸面。这幅画标志着画家进入了最具开创性的纯立体主义时期，在后来的好几年里他一直在摸索这种新艺术形式的表现方法。

《亚威农的少女》彻底否定了自文艺复兴时期以来的传统绘画技巧，彻底打破了透视法则对画家的限制。毕加索断然抛弃了对人体的真实描写，把整个人体几何图形化了。这一点，让当时的人们很难接受。毕加索这样画的目的是通过强化变形增加吸引力。画中，正面的脸上画着侧面的鼻子，而侧面的脸上却画着正面的眼睛。他解释说："我把鼻子画歪了，归根到底是想迫使人们去注意鼻子。"毕加索的变形画法引起了同行的关注。据说野兽派画家马蒂斯看了画后评价说："这不过是一些立方体呀！"

不能不佩服毕加索敏锐的艺术感觉，他的这幅画开创了后来的立体主义画派。仅凭这一点他就可以被称为绘画大师，而他的贡献远远不止这一点。但是直到今天，恐怕多数老百姓还是不能理解"立体主义画法"的真谛。据说，1960年英国女王伊丽莎白二世在参观毕加索的画展时，曾困惑地问："为什么他（毕加索）要在人的同一边脸上画出两只眼睛？"

毕加索是当代西方最有创造性和影响最深远的艺术家，是20世纪最伟大的艺术天才之一。有毕加索，西班牙的绘画就有了更广泛的世界影响。毕加索是位多产画家，据统计，他的作品总计近36095件，其中包括油画1885幅、素描7089幅、版画20000幅、平版画6121幅。虽然画作数量如此之多，但一点也不意味着画家追求数量而草草作画，他绘制每一幅画都非常认真。画作多的原因，一是画家长寿，二是勤奋。毕加索说："我的每一幅画中都装有我的血，这就是我的画的含义。"

世界绘画市场的行情证明专家对毕加索画作质量的认可。全世界前10名最高拍卖价的画作，毕加索的作品占4幅。另在1999年12

月法国一家报纸进行的一次民意调查中，他以40%的高票当选为20世纪十大画家之首。毕加索与凡·高同样在法国发展绘画事业，两人的命运却判若云泥。凡·高一生穷困潦倒，而毕加索一生辉煌至极，他是有史以来第一个活着亲眼看到自己的作品被收藏进巴黎卢浮宫的画家。

毕加索作画的目的是对艺术的追求，并不在乎财富的积累。证明之一就是他的私人收藏——包括他自己及朋友的作品，都捐赠给了法国政府。法国政府由此设立了巴黎的毕加索博物馆收藏他的作品，这一博物馆成为人类艺术的珍贵宝库。

达利将坚硬钟表变成了柔软记忆

这一天，我们来到达利博物馆参观。达利博物馆位于菲格拉斯，这里是达利的故乡，属于加泰罗尼亚自治区的赫罗纳省，离巴塞罗那约90千米。该馆是达利亲自主持建造的博物馆，所有的艺术品都由他本人亲自设置摆放，在达利有生之年已经对外开放。

达利博物馆门前的达利雕像　摄影/段亚兵

我们一到达达利博物馆门前，就被这里浓浓的艺术气氛形成的磅礴气势震撼到了。院子角落里无处没有艺术品，艺术品摆设的方式无不让人感觉喜出望外，布局构思出奇，让人匪夷所思。墙头上摆满了巨大的家禽蛋，这也许在暗示只要耐心地孵化，每一个巨蛋里都

⊙ 笔者在达利博物馆留影

⊙ 达利博物馆的院墙设计感很强 摄影/段亚兵

会诞生惊世之作；大楼的几十个窗户的窗台上摆着姿势各异的小金人，好像是来到了美术奥斯卡颁奖会现场；一辆黑色的豪华轿车上站着一个黑色肥胖女人雕像，夸张的胸部、臃肿的身躯令人过目难忘；院子里有一个头如鸡蛋、身披大氅的大汉雕像，他拉开自己的衣襟，只见胸膛里有一群演员正在演戏……达利的雕像就守在入口的场地上，他坐在高高台阶上的沙发里，半躺着身子一副慵懒的样子。院子里有几群小学生等待入场参观，他们会在博物馆里度过一天艺术而愉快的学习时光。巴塞罗那盛产艺术家，也许今天参观的小孩中间会出现未来的达利。

进入博物馆大厅，头顶上是一个巨大的玻璃透明穹顶，细密的铁艺结构像是蜘蛛网。大厅墙壁上有一幅巨画，粗粗观看是林肯的头像，仔细欣赏发现中间竟然藏着一个背着身子的裸体女人像，女人的黑头发是林肯的一只眼睛，而白皙光滑的后背竟然是林肯的鼻子。我盯着这幅画惊讶地看了半天，我想能够画出这样的画，恐怕不光靠高明的艺术感觉，而且要有相当的数学知识吧。

进入博物馆参观更是感觉眼睛不够用了，展品琳琅满目，美不胜收。我注意到有许多达利自画像，画中的他胡须修整得长长细细向上翘着，这是他个人肖像的特征之一。自画像特别能表现达利的夸张与幽默。

展品数量众多，分成若干

达利博物馆大厅装饰风格独特　摄影/段亚兵

达利博物馆大厅里的一幅大画令人印象深刻
摄影/段亚兵

博物馆一个厅的天花板上有一幅3D图画很有意思，人的大脚太夸张了 摄影/段亚兵

类。有线条清晰、画面怪异的钢笔画，比精妙笔触更吸引人的是作者极其丰富的想象力，许多画面表现的场景，恐怕再多的人也想象不出来；有形象逼真的男女人物雕像，让我感觉到虽然他们皮肉坚硬、姿势固定，但身躯里可能有活的灵魂，不然为何如此栩栩如生；也有设计精美的金银珠宝首饰，极其奢华高贵，一定是奢侈品市场里的抢手货、贵夫人的心爱物，能够设计出如此高档的珠宝首饰，达利一定不差钱。

走廊上的一个通道门被布置成女人的脸容，玉米穗是头发，黑丝线编织的螃蟹是眼睛，倒挂着的裸体女人雕塑是鼻子，红色布艺包边的门框是性感的大嘴，嘴唇上还有两颗很大的扇贝壳像是门牙。太幽默了！

天花板上有一幅有趣的画面。一男一女欲飞翔升天，冲出房顶上华丽的天窗，与天空中玩耍的仙人们会合。这幅画上最突出的是摆在观众头顶上的两人的4只大脚板，却看不到他们的头脸。这符合视觉情理，因为我们站在他们俩的脚下。没想到在多年前达利就能画出这么好的3D效果的图画。

参观博物馆不但会经常遇到想象不到的惊喜，而且一些场景需要动脑筋才能看明白。在经过一间厅房时，看到地面中央摆放着一个红色的双人沙发，沙发后面有一个造型好看的橱柜，背面的墙上挂着两幅长方形的图画。一时间不理解达利为什么这样摆放家具，按理说沙发一般会靠着墙摆放的呀，等我们走到前面一个小二楼观景台上看下去，才看出了名堂。这里是一个女人头像的场景：沙发是红嘴唇，柜子是高鼻梁，两幅画是一副墨镜，厅房边上的门框上挂着的纱幔是卷曲的金发。好一张美人脸！据说女人面容模仿的是美国“银幕妖女”、性感女影星梅·韦斯特的肖像。这下让我对达利佩服得五体投地，这人太会玩花样了！

在一个展室的墙壁上，我看到了达利的名画《记忆的永恒》。记得多年以前我第一次看到这幅画时，就有一种被无形的波浪冲击的感觉。画面其实不复

博物馆里有一个神奇的客厅图。游客要是站在近处看，就是一个普通的房间：墙上挂着图画，地板上摆着家具（上图）；但是如果走到对面的一个高台上去看，就会发现眼前的场景竟然是一个女人的面孔（下图）　摄影/段亚兵

达利《记忆的永恒》　摄影/段亚兵

杂：一片空旷的海滩里，躺着一只似马非马的怪物，弯曲的钟表是马背上的鞍鞯；旁边有一张桌子，桌子上的一块钟表有一半软软地耷拉下来；桌子的一头长着一棵小树，树枝上也有一块钟表像毛巾一样晾在上面。此次看到真迹，感觉冲击波再一次袭来。画家为什么能构思并描绘出这样怪异的画面来？这种场景真实世界里肯定没有，只能出现在梦境中。画名为什么叫"记忆的永恒"呢？钟表是时间最好的象征物，历史就是时间的积累和流逝。钟表变得柔软，是不是说因为时间流逝得太久远了，以至于变得疲惫不堪、稀软成了一摊泥？

通过参观，我对达利有了全新的认识。萨尔瓦多·达利（1904—1989），出生于菲格拉斯，作品以超现实主义而闻名。达利与毕加索齐名，被艺术界评价为20世纪的绘画大师。达利家境殷实，望子成龙的父亲曾在海边为儿子建立了第一个艺术工作室。18岁时达利前往马德里皇家美术学院求学，开始显露才华，富有特色的画作让他声名鹊起。21岁时他在巴塞罗那第一次举办个人作品展。24岁时参展在美国匹兹堡举办的第三届卡内基国际展览会，富有才气的作品为他赢得了国际声誉。25岁时在世界艺术之都巴黎举办个人画展。

达利自画像　摄影/段亚兵

二战期间达利逃离欧洲，在美国度过了8年的旅居时光。这段时间对达利的艺术发展至关重要。1941年，纽约的现代艺术博物馆举办了规模宏大的达利作品回顾展。

一般认为，达利的画风成熟期是在20世纪20年代。其中两个因素很重要：一是弗洛伊德关于性爱潜意识的理论启发了他；二是他结交了一群才华横溢的巴黎超现实主义者，他们想努力证明潜意识是比人的理性“更为重大的现实”。达利开始自觉地摸索一种“偏执狂临界状态”的创作方法，诱发自己进入幻觉境界。他的很多画作就是这种方法的产物，将梦境中稀奇古怪的景物、扭曲变形的模样、不合情理的方式，用艺术的笔端精细入微地表达出来。达利成功了，他成为最著名的超现实主义艺术家。

我在达利博物馆里看到他的画作，一些与性爱有关，另有一些与潜意识有关。很多画面，现实生活无处寻觅，迷糊梦境里才有可能出现，《记忆的永恒》似乎就是梦中的情景。有人因为他怪异的画作，叫他“疯狂的达利”，他一本正经地回答说：“我同疯子的唯一区别，在于我不是疯子。”

1989年1月23日，伟大的艺术家达利去世，享年85岁。

荷兰的画家们

文化氛围浓厚的博物馆广场

游阿姆斯特丹，我很喜欢这座城市一南一北两个广场。城北是水坝广场，城南是博物馆广场。前者是阿市历史的起点，像是一条长河的源头，而后者有好几个高档的美术馆，展览馆里艺术品琳琅满目，世界级的精品比比皆是，反映出荷兰黄金时代的繁华市井生活，代表着荷兰美术的最高水平，是荷兰国家的文化橱窗。

博物馆广场十分宽广，绿树环绕，鲜花怒放。大片的草地如巨型的绿毯，中间也辟出几处运动场所，还有一个狭长的人工湖清水扬波，湖水中央的花坛种着粉红色的郁金香。活力十足的年轻人踢球嬉耍，情侣们或坐或躺，在草地上谈情说爱，老人们在旁边的咖啡厅里喝咖啡消磨时光。大提琴与萨克斯组成的小乐队在演奏，黑人艺术家抱着六弦琴弹琴唱歌。街头有一个镶嵌彩色碎玻璃片的咧开大嘴在笑的兔子雕塑。这里是欢乐的乐园、休息的空间、消遣的场所。市民三五成群，高兴玩耍，轻松休息，脸上洋溢着笑容，确实能够感受到荷兰人生活得幸福，悠闲。

广场四周建筑林立，展示出各式各样的建筑风格。特别是一些

博物馆广场上，有演奏的艺人，也有各种雕塑
摄影/段亚兵

现代建筑更是骄傲地展示其时髦的模样。国立博物馆、凡·高博物馆、市立近代美术馆、皇家音乐厅等文化设施建筑一字排开，营造出浓厚的艺术氛围。每次来阿姆斯特丹，我都要到此来看看。

重点说一说我参观凡·高博物馆和国立美术馆的感受吧。

博物馆广场上的皇家音乐厅　摄影/段亚兵

⊙ 凡·高自画像　摄影/段亚兵

凡·高的《向日葵》

凡·高博物馆的建筑是现代建筑式样，有4层高，石墙与玻璃组成了几何图形，像是搭积木搭出来的房子。

据统计，凡·高一生创作有864幅油画、1037幅素描和150幅水彩画。该馆收藏有凡·高的油画和水彩画200幅、素描500幅，应该是世界上收藏凡·高作品最多的场所，此外还收藏有凡·高的700多封私人信件，以及日本浮世绘和其他一些画家的作品。该馆将凡·高的作品，按照他一生的时间顺序，以童年、成年、青壮年等各个时段编排展览内容。

文森特·凡·高（1853—1890），荷兰后印象派画家，出生于荷兰津德尔特村一个新教的牧师家庭。他早年做过职员，当过传教士，绘画应该是自学成才。1886年，他来到巴黎，结识了印象派和新印象派画家，视野开阔后画风巨变，色调变得明亮起来。1888—1989年，他住在阿尔勒。1988年，高更应邀来阿尔勒与凡·高同住，但两人脾气火暴、冲突不断，无法合作。这一年12月，凡·高因精神失常（有人说他患癫痫病），割下自己的一只耳朵。此后他的病情时好时坏，但仍然坚持作画。1890年7月27日，凡·高开枪自杀，两天后离世，年仅37岁。

凡·高是在西方画坛上产生重要影响的革新者，与高更、塞尚齐名，通常被人们称作后印象主义派画家。他创作的成熟期是到了阿尔勒以后，遗憾的是凡·高生前并未得到社会的真正承认。1888

⊙ 凡·高博物馆　摄影/段亚兵

年他的作品第一次展出，1890年，在布鲁塞尔的一个展会上，他的《红色的葡萄园》被人收购，这是他在世时唯一成功出售的作品。

我在展览馆画室里徘徊，仔细欣赏凡·高的画作。其实我最喜欢的凡·高的三幅画，都不在这个馆里。凡·高最广为人知的作品应该是《向日葵》系列，这一类作品数量比较多，但是他只对其中的两幅满意并签上了自己的名。许多画册里收印的那幅最经典的《向日葵》，其实是收藏在伦敦的大英博物馆里。《向日葵》系列画的特点是追求光亮明快的夸张色彩，富有装饰性的情趣。画中向日葵的黄颜色有所不同但都鲜艳而夸张，宣泄的是作者奔放的热情。

我还喜欢他的《夜间咖啡馆》。这幅画收藏于库勒-穆勒美术馆，该馆位于荷兰阿纳姆市凡·高国家森林公园里。这幅画画的是街头一家露天的咖啡馆。人们坐在咖啡馆里，黄色的灯光让咖啡馆显得浪漫，温馨，咖啡馆的屋檐上方是繁星点点的深蓝色夜空。我喜欢这幅画，因为画面的意境很美，让人忍不住想去这个咖啡馆坐坐，来一杯咖啡，而且我也确实去了这家咖啡馆，它就在比利时布鲁塞尔的街上。可能就是这个原因让我对此画更为着迷，每次看到这幅画，就会让我想起那天晚上去咖啡馆的情景。

《星光灿烂的夜空》不愧是凡·高的代表作。别的画家也画过夜空，但凡·高的画法与他们完全不同。凡·高笔下的夜空，不是我们所熟悉的那种深邃无际的样子，而是像浩渺无际的大海，涌动的海流波涛汹涌，扭成巨大的旋涡；画面上有一丛高大的植物，不像是大树，像熊熊燃烧的烈火，火焰直冲天空。凡·高用自己独特的笔触，表现自己观察到的流动星辰和旋转宇宙。这种从来没有见过的画面，深深地印在了我的记忆中，让我感觉到作者其实不太在意对客观景象的观察，而是特别重视自己内心深处的主观感觉，表现出强烈的个性和艺术上的独特追求。这种艺术主张远远地走在了时代的前面，当时难以为世人理解和接受，但对后来西方艺术的发展产生了深远的影响，尤其对后来的野兽派影响巨大。

伦勃朗的《夜巡》

博物馆广场东北头的国立美术馆，是一栋荷兰风格的宏大建筑。大楼中间和两头的方柱形塔楼让大楼显得威严，而高大的圆形拱门却又增添了几分温柔。拱门的顶上有一幅巨大的伦勃朗自画像，说明伦勃朗的作品是这座美术馆的镇馆之宝。

如果将凡·高与伦勃朗做一番比较，凡·高虽然是荷兰人，但他学习，成名于法国，作品反映出的多是法国的市井人生、田园风光；而伦勃朗是地地道道的荷兰人，他的作品画荷兰人，描绘荷兰的景观，记录荷兰的历史，充满了对家乡风土人情的深厚感情。就绘画作品达到的艺术高度而言，两人殊途而同归，都成了欧洲的艺术大师。

博物馆广场国立美术馆大门上方的伦勃朗自画像
摄影/段亚兵

国立美术馆的前身是皇家美术馆，馆内有70多个展厅，馆藏非常丰富，仅绘画就有5000多幅，其中又以17世纪美术黄金时期的作品为多。馆内还收藏有3万件雕刻和1.7万件文物，是荷兰最具代表性的大美术馆。

进入展馆，我直奔2楼伦勃朗的画作展厅，去找他的代表作《夜巡》。想看这张画的真迹已经有好多年了，今天才找到了机会。这一作品摆在展厅最里面一堵正面墙上，位置非常显赫，果然是镇馆之宝。眼前的这幅画长4.38米、宽3.59米，是美术馆里最大的一幅伦勃朗画作。

看这幅画的人比较多。有些人手里拿着复制图，图上有一些说明文字，边看大画，边看手中小图上的说明文字，看得出他们是想了解更多的细节。我久久地欣赏佳作不愿离去，在名画真迹面前，关于这位大画家和他画《夜巡》的故事涌上心头。

伦勃朗·哈门斯（1606—1669），荷兰莱顿人，是荷兰最伟大的画家，也是欧洲17世纪开宗立派的大师级人物。伦勃朗成名很早，19岁时在家乡开画室，20多岁时已成为荷兰最负盛名的肖像画家。由于他的画形象生动，善于捕捉瞬间表情，特别能打动人心，人们排队请他画像，丰厚的收入让他进入了富豪之列。当时荷兰正值黄金时代，市民普遍富有。有钱人愿意给自己画张像，既可以宣扬自己，又可以传给后代。在照相技术尚未发明的时代，这样做是很自然的。

身价不凡的伦勃朗迁居阿姆斯特丹，还买了一座大宅邸，但他画的《夜巡》竟改变了他的命运。这幅画的真正名字叫《佛兰斯·班宁柯克上尉的民兵连》。1642年，伦勃朗36岁，有16个武装民兵，每人出钱100荷兰盾，请伦勃朗给他们画一幅集体画。按照当时流行的画法，将16个人排成两排或三排站在一起，画成一幅“全家福”就可以了。大概与我们现在常见的集体合影是一个意思。

问题出在伦勃朗过于强烈的专业精神，让他觉着画这样画面呆板的画没有价值。他绞尽脑汁进行艺术创作，设计了这样一个场景：民兵警所接到报警，正准备出警去查看现场。画面上队长在交代任务，民兵们忙碌起来，有人扛旗帜，有人擦枪筒，有人敲军鼓，还有一个小女孩挤在人群中看热闹。画面生动，戏剧性强，生活气氛很浓。

当作品完成向雇主们交画时，出现了麻烦。除了站在画面中间的队长满意外，其他人都不干了。大家聒噪起来：大家平均出钱，凭什么有人在前有人摆在后面。更糟糕的是，画面前方好像有一盏聚光灯照射，让队长和前面的几个人脸上光亮，十分突出，而其他人藏在后面的黑影里，有点看不清楚谁是谁，这怎么行呢？

多数人拒绝接受此画，要求重画一幅。伦勃朗的倔劲上来了，根本不同意重画。双方谈不通，只好上法庭。全城的舆论一面倒，

伦勃朗的代表作《夜巡》　摄影/段亚兵

都认为民兵占理，伦勃朗不对。这件事最后不了了之，但是对伦勃朗的生意信誉绝对造成了打击，从此以后没有人再找他作画。

祸从不单行。伦勃朗的家庭此时也出了问题。先是他的儿子去世，后来妻子也跟着去世。早先时候伦勃朗的订单多，赚钱容易，养成了花钱如流水的习惯。生意突然遭受打击后，收入锐减，生活断了来源，以至于老年的伦勃朗陷入贫病交加之中。1669年，生活拮据的伦勃朗去世，被埋葬在西教堂一个无名墓地中。

伦勃朗去世时，阿姆斯特丹没有什么人关注他，对他的画不但不感兴趣，甚至还嘲笑他不按规矩乱画画。怎么也没想到伦勃朗去世百年后，家乡的人们惊奇地发现，欧洲多数国家的许多著名画家极其推崇伦勃朗，认为他是伟大的画家，评价他出色的画是范本，给了大家启发，让后来者受益匪浅。后来伦勃朗的声誉越来越高，

笔者在国立美术馆前留影

被公认为欧洲最有天才的大师，完全可以与意大利最好的画家相媲美。不知此时的阿姆斯特丹市民，有没有因为他们的先辈亏待了本地最优秀的画家而心中产生一份愧疚？

伦勃朗不仅有绘画天分，而且作画很勤奋。据20世纪60年代的一份统计，他一生留存的作品，包括油画600幅、蚀刻版画350幅、素描1500幅，后来还陆续有新的发现。

接着讲《夜巡》这幅画后来的故事。此画被民兵拿回去后，因为尺寸太大无法挂在办公室里，就找来刀锯裁掉了周边的一小部分，16个人因此少了几个人（反正认不清谁是谁，少几个人也无所谓）。当年的荷兰冬天里烧泥炭明火取暖，烧火时房间里烟熏灰飞，时间久了，画面上厚厚地落上了一层烟灰，色彩变得十分黯淡，人们忘记了画的原名，看此画时认为画家画的是夜晚的情景，因此取名《夜巡》。

被当时的雇主们极端不满意，甚至引起官司的一幅画，为什么如今会被认为是伦勃朗的代表作、国立美术馆的镇馆之宝呢？因为此画表现出了伦勃朗作画技巧上的一个重要创新。他的油画运用了一种极其巧妙地处理“光暗”的技巧方法。他喜欢采用黑褐色或浅橄榄棕色为背景，将明亮的光线集中在重要人物或者主要景物部分上，就像是在背景黑暗的舞台上，将一束明亮的追光打在主角人物的身上，从而营造出一种强烈的舞台效果。有一位法国的画家非常赞赏这种技巧，为此戏称伦勃朗是“夜光虫”；还有评论家评说他能够用“黑暗绘出光明”。艺术上的创新有时候体现在一小点上，但能够造出轰动、不朽的效果。

我为什么比较熟悉伦勃朗的故事，来到阿市时一定要找到《夜巡》的真迹看一看？因为早在20多年前，这位画家的故事就已经深深地打动了我。当时的《深圳商报》副总编辑侯军，是一位学识深厚的文人学者，我记得他好像是最早在深圳讲述伦勃朗故事的人。那时，他送了我一本他写的《孤独的大师》，讲述的是西方多名绘画大师的事迹，其中《凝视着你的眼睛》一文写的是伦勃朗的故事。后来我在报纸上还看到过他写的另外一篇文章《伦勃朗：一身荣辱系斯楼——站在伦勃朗故居前的遐思》。这些文章我细细拜读，对伦勃朗有了最初的感情。后一篇文章中有这样一些文字：“他（伦勃朗）的墓地找不到了，他的尸骨找不到了，他被赶出这座楼房之后辗转住过的其他故居也都找不到了。当伦勃朗满怀悲愤离开这个世界的时候，他已经一无所有，他的家人甚至连15个盾的丧葬费都付不起……当时的荷兰，正处于经济繁荣、百业兴旺的黄金时代，阿姆斯特丹的人们正从海洋贸易中赚取大把金钱，而他们的艺术大师却在贫病交加中凄然离去，这实在是一个令人叹惋的比照。”

这段文字实在让人心酸。

斗牛士·舞者

勇敢的斗牛士

我去马德里时曾经看了一场斗牛。

这一天晴空万里，阳光明媚，西班牙这样的好天气倒是常见，能容纳两三万人的马德里拉斯文塔斯斗牛场里，观众不算多，只坐满了半场，不知道是斗牛士不算很有名气还是别的原因，导游说，如果是著名斗牛士出场，观众席一定爆满，一票难求。对我们来说，是否满座倒无所谓，我们是第一次观看，兴奋点在于满足好奇心，因此大家兴致很高。我四面环视，仔细观察，看到斗牛场与露天体育场差不多。椭圆形的竞技场中央是斗牛场地，地面上铺着一层黄沙。斗牛场地周围设有2米高的厚木板墙围栏，可能是防止牛发狂时冲出来伤害观众。围栏四面都有可以随时启闭的门，方便人与牛出入。

斗牛表演一般由进场式和三场搏斗组成。由于时间的关系，我们只看了第一场。

热闹的开场仪式后，场内突然变得安静，观众凝神屏息等待公牛的出现。只见栅栏门突然打开，一只公牛冲进了场地，狂奔一

斗牛士身手矫健

阵，激起尘土飞扬，公牛一生中只会经历一次斗牛搏斗，因此虽然它身重千斤、力大无比，但缺乏经验，略显惊慌。

这时斗牛士队伍出场了。先由骑在马上的长矛手迎向狂奔而来的蛮牛，顺势将长矛刺进牛背，顿时鲜血四溅，场面令人心悸。牛没有想到会吃这么大一个亏，顿时暴跳如雷。接着，镖手出击，他们先后把像箭镞一样的花镖扎在牛背上，扎了一支又一支，连扎四五支。牛感觉到了疼痛，急速奔跑和摇摆身体想摆脱花镖，但是由于花镖尖端带钩，无论怎样摇晃都不会脱落，再次受挫的牛狂躁无比，也由于流血很多，消耗很大，而开始显露疲态。

此时主角斗牛士登场表演。斗牛士年轻英俊，身着红色的华丽服装，衣服上的金线饰片在阳光照耀下闪闪发亮，更让斗牛士显得风流倜傥，极有魅力，引起女孩子的一片尖叫声。只见他手持一把闪闪发光的利剑，剑头上挂着一块鲜艳的红布，开始挑逗蛮牛。见到红布，蛮牛兴奋起来、冲向前来。斗牛士不慌不忙与牛周旋，每次牛发动攻击，他都能灵敏地躲闪开，时而站立，时而跪下，让表演更加好看。有时牛角冲来，他竟然双脚不动，向后欠身，或者侧面转身，让牛角尖从自己的胸前擦过。险象环生，观众们不断惊叫，都为他捏一把汗。斗牛士艺高人胆大，化危险于无形，博得观

斗牛士服装华丽

众阵阵掌声。

搏斗十几个回合后，蛮牛鼻喘粗气，筋疲力尽，斗牛士挥剑向牛背猛地刺去，直插心脏，蛮牛轰然倒地，身躯抽搐几下，呼出最后一口气，闭上了眼睛。导游讲评说："一剑毙命，漂亮！这一剑必须刺入牛肩胛骨间约3英寸宽的地方，如果刺偏了，会碰到牛骨头；如果深度不够也不行，刺不到心脏，牛也不会死……"全场响起了雷鸣般的掌声，观众们挥动白色手绢要求奖赏斗牛士。主席台上的裁判进行裁决，决定奖给斗牛士一只牛耳。导游说："对表演最出色的角斗士，最高奖赏是两只牛耳和牛尾，但这是很难得到的……"

回到车上，大家意犹未尽，继续讨论刚才的场面。导游说："斗牛运动是西班牙的国粹，恐怕流传了几千年。在西班牙远古的岩壁绘画里，就画着人与牛搏斗的场面。据文字记载，古罗马的恺撒大帝也喜欢骑在马上斗牛，此后斗牛活动在西班牙的贵族中流行起来，被看成是一个人勇敢善战的举动。只有18世纪时的国王腓力五世看法不同，他认为斗牛过于残酷，也容易对皇室成员造成伤害，对此项活动发出了禁令。然而斗牛活动在民间却依然红红火火地开展起来……”

斗牛到底好不好呢？大家七嘴八舌，意见不一。有人说这项运动太残忍，太血腥，不好；也有人说，刺激好看，还能够培养勇敢精神。没想到我们只有十多人，竟然也有两种看法。实际上这也基本上概括了对斗牛的正反两种评价意见。

正方认为，与庞然大物蛮牛决斗，不是你死就是我活，充满了风险和刺激。这项活动传承西班牙祖先勇猛剽悍的精神，是勇敢者的游戏。斗牛士勇敢敏捷、风流倜傥，是西班牙美男子的形象。在这片洒着鲜血的沙滩上，野性的运动与典雅的艺术并现，狡诈的斗智与狂霸的蛮力争锋，华丽的装扮与血腥的场面交织，本能的力量与原始的审美结合。这样的运动，不但培育出了一个高贵而富有的斗牛士阶层，也给国民大众带来了刺激加欢乐的精神享受。诺贝尔文学奖得主海明威评价说：“斗牛是唯一一种使艺术家处于死亡威胁之中的艺术。”

反方则认为，斗牛是一项野蛮血腥的活动，不仅对人有危险，而且对牛不公正，不人道。特别是奉行动物保护理念的人对此项运动更是深恶痛绝，呼吁禁止这项运动，革除欣赏血腥刺激的国民陋习。

我感觉，中国的读书人大概会赞成反方的意见。因为中国圣贤说：“君子远庖厨。”中国人是不喜欢杀戮的。当然远离屠宰场，不目睹杀牛的血腥场面，并不影响食客享受炖得香香烂烂的牛肉。不过也不一定，据我了解，中国游客到了西班牙一般都要安排看斗牛运动，说明他们对此也有浓厚的兴趣，但只是猎奇，基本上看一次就够了，就像我们一样。西班牙人则不同，他们以此为娱乐，为刺激，会上瘾，百看不厌，使之成为这个民族坚持数百年而兴趣不减的一项全民文化活动。

弗拉门科舞者

去西班牙，分别看过两次弗拉门科舞。一次是在马德里的一家酒吧里，另一次是在巴塞罗那的剧场里。两次感觉不太一样。

马德里那一次，晚餐时我们被安排到一家酒吧就餐并看跳舞。酒吧不算大，有二三十张桌子吧，场子中间有一个凸出的圆形舞台，餐桌就围着舞台摆放，我们的桌子离舞台很近。

突然舞台上一声长啸，节目开始了。吉他手弹奏了一段精彩的前奏曲，营造氛围。歌手开始唱歌，嘶哑的嗓音，高亢的音调，悲凉的情绪，有一种特殊的感觉。歌词听不大懂，但是铿锵的发音悦耳好听，不影响欣赏。这种歌曲来自吉普赛人，在他们流浪的日子里，饱经沧桑的经历化作凄苦的心声，自然地流淌出来。歌曲的旋律不甚复杂，有些段落反复歌咏，一唱三叹，凄婉动人。歌声中饱含着凄凉的情绪、无奈的叹息、随遇而安的满足和风雨之后阳光灿烂的欢乐，表达的是对世事难料的看法，对生活的哲理思考和对曲折命运的抗争精神。

这时一男一女舞者上场了。男舞者身穿紧身黑裤，白色的衬衫，外面套着一件带有装饰花纹的马甲，身材挺拔，鬈发蓬松，显得阳刚帅气。女舞者穿着紧身胸衣，红色的长裙，裙子有多层的褶皱和花边，黑头发向后梳成光滑的发髻。与芭蕾舞演员相比，舞者的身材不算纤细苗条，而是健康丰满，露出一种野性与妩媚结合的美。

随着音乐的旋律节奏，两人开始起舞。男舞者昂首挺胸，动作矫健，刚劲有力；女舞伴腰肢柔软，双臂舒展优美，舞姿热情奔放，随着吉他的音调而旋转，踩着响板的节奏而跳跃，捻动手指发出响声而添彩。男舞者的看点在舞步上，灵活跳跃如蜻蜓点水，干脆有力如铁匠打铁击锤，随着脚起脚落，鞋底上的金属钉板敲击在舞台上发出清脆的响声，咚咚如敲鼓，密集如雨点，或缓或急，或轻或重，节奏不断变换。而女舞伴的功夫在臂膀和腰肢，手臂起落

巴塞罗那剧场里的弗拉门科舞演出　摄影/段亚兵

如春风杨柳，腰肢扭动似花蛇游水，旋转舒展如莲花怒放，舞步既刚健又柔软，既突兀又协调，刚健时如武士愤怒击剑，柔软时似春水缓慢静流。突然，乐手在吉他弦上一划，弹出最后一组和声，舞蹈者摆出优美造型停留在瞬间，表演戛然而止，恰到好处。观众们热烈鼓掌，手都拍红了。

真没有想到弗拉门科舞能跳成这个样子，跳出这种境界。舞蹈给人一种催人奋进的感觉，真好！

回酒店路途的车上，导游给我们讲述了弗拉门科舞蹈的历史。弗拉门科源于西班牙南部的安达卢西亚地区，距今已有300多年的历史，文化成分比较复杂，可能吉普赛人是最早的发明人。他们居无定所，四处流浪，在行走的路上边唱边跳，于是一种独特的歌舞诞生了。民族政治压迫是这种舞蹈能够坚持下来的另一个原因。吉普赛人受到天主教当局的歧视和压迫，不被允许穿民族服装，不被准许说自己的语言，许多活动都遭到禁止。追求自由的吉普赛人逃亡

跳弗拉门科舞的演员

到了山区和边缘地带，继续坚持和发展弗拉门科舞。据说“弗拉门科”的名字来自阿拉伯语，意思就是“没有土地的人民”。无数的禁令让吉普赛人行动受限制，心情受压抑，只能用歌舞抚平心中的累累伤痕。因此，弗拉门科的歌手唱起歌来表情多忧郁，嘶哑的歌声中诉说着心中不平的愤懑，而铿锵有力的舞步，表现的是压抑已久的怒火和反抗的呐喊。

弗拉门科能够发展成一种特殊的成熟歌舞艺术，当然也有其他民族的贡献。据研究，其中包含有印度踢踏舞、地中海地区的音乐、犹太人的苍凉悲歌、阿拉伯人泼辣奔放的摇摆动作等，各种音乐歌舞取其精华，多种文化元素熔于一炉。这种民间歌舞艺术最终在西班牙南部发展起来，吉普赛艺人是主要的演奏者和传承者，最终成为西班牙的国粹之一。弗拉门科包括歌（cante）、舞（baile）、琴（toque）三种成分。民歌为先，是心声的表达；后有舞蹈，是灵魂的节拍；而器乐是朋友，烘托气氛，宣泄情绪。

我们在巴塞罗那一个名叫弗拉门科宫殿的剧场里看了一场剧场版的弗拉门科。这里场面更大，出场演员更多，演出的节目更丰富，演员演得也卖力，但不知道怎么搞的，总是找不到多年前在马德里酒吧里观看弗拉门科表演时的那种感觉。总觉得小酒吧里的弗拉门科舞，更原始，更地道，更有震撼力，给我们留下的印象更深刻。

两国“国粹”的比较

弗拉门科和斗牛是西班牙的两大国粹。所谓“国粹”，指的是一个国家独家所有的文化精华项目。看着人家的国粹，自然就想到了自己国家的。中国当然也有国粹，如果与西班牙的相比，最相似的可能算京剧和武术吧，一文一武相对应。

弗拉门科与京剧，两者都起源于18世纪，距今300多年。弗拉门科起源于民间，吸收了多民族、多地区的歌舞流派；京剧起源于地方戏，吸收汉调、昆曲、秦腔等营养精华。弗拉门科歌舞琴混为一体；京剧程式复杂，唱念做打集于一身。京剧自徽班进京，经文人加工提高，成为雅俗共赏的优秀表演艺术；弗拉门科经专家名流打造，也有《卡门》《莎乐美》《堂吉诃德》等“弗拉门科歌剧”传世。但不同的是，京剧雅俗共赏，甚至农村不识字的老太太也喜欢听；而精致高档的“弗拉门科歌剧”并不为真正的弗拉门科的艺术家所承认，甚至被认为是假冒的弗拉门科。

斗牛和中国武术相比，差别可能更大一些。斗牛和武术起源都很早，传统源远流长。西班牙的斗牛如果从恺撒骑马斗牛算起，已有2000多年的历史；而中国的武术最早可以追溯到商周时期，那就是3000年以上了。虽然两者都可以算作体育运动项目，但是中国的武术主要用来健身和防卫，兼有表演功能，特别是中国的武术打斗片，娱乐性极强而风靡世界；而斗牛活动，是人攻击牛，用智慧与牛的蛮力较量，是西班牙精英的活动，群众参加不了，只能当观众，应该主要算作表演艺术。另外从内容丰富方面说，两者更不在一个档次上。但是中国武术因为是群众性的体育活动，所以流派极多，山头林立，各种拳法令人眼花缭乱；相对而言西班牙的斗牛没有太多的花样。

总的说起来，不同文化各有所长，应该互相学习，交流借鉴。百花园里的花草品种越多越好看，保持文化的多样性也应如此。因此对于各种国粹都要珍惜，应该加以保护，挖掘，传承，发扬。

尾声

大航海时代诸国对人类文明的贡献

按照以前的做法，在结束这本书的写作时，应该给本书写到的几个国家在人类文明中的地位排名、打分。这是从写作《以色列文明密码》一书开始的，该套丛书中写到的德国和意大利我也都给其打了分。

但前面几本书是一个国家写一本书，而这本书写了三个国家，打起分来难度似乎高一些。这本书有两个主题：地理大发现与大航海时代。一些历史学家用这两个词，定义从葡萄牙肇始，后来由西班牙、荷兰等国家继续发展的时代。这两个概念其实有差别。所谓地理大发现，说的是欧洲国家“发现”了以前不知道的地方；而大航海时代，说的是欧洲人摸清楚了几条航线，让全球的海洋连成了一片。

那么应该先从文明发展的角度解释一下这两个概念。

所谓地理大发现，当然是从欧洲人的角度说的。因为北美洲也好，南美洲也好，大洋洲也好，那地方本来就有人群生活。从他们的角度看问题，并没有什么被“发现”的问题。当地居民世世代代在他们自己的土地上生活、繁衍，欧洲人发现不发现，他们都照常生活；而且被发现后，还出现了种族灭绝的大危险。

如果从全球发展的角度看问题，1500年前后确实是一道分界线，1500年以前世界上的许多地方处于隔绝状态、独自发展；1500年以后由于欧洲人的地理大发现，全球开始逐渐地联系在了一起。从文明发展的角度说，全球连成一片，有利于互通有无、降低成本，对文明的发展有好处。进一步说，如果我们同意汤因比关于挑战和应战是文明发展的原因和动力的理论，那么地理大发现显然对文明的发展有好处。从这一点讲，欧洲人做出了重要贡献，尽管被发现地区的民族、居民付出了巨大的代价。

再说大航海时代，指的是通过摸索、发现新航线，打通了全球海洋、陆地的通道。能够做到这一点，首先是因为人类已经掌握的天文地理知识、造船航海技术等为此打下了突破的基础，这是前提条件；反过来，大航海活动发展又提供了新需求，从而加快了科学技术发展的步伐。社会需求才是科技发展的最大动力。从欧洲开始的大航海时代，不但促进了科技进步，而且让先进技术慢慢地扩散到世界各地，促成了全球文明的发展。从这个意义上也可以说欧洲为人类文明发展做出了重大贡献。大航海时代促进了全球经济的大发展、文化的大交流，结果人类从农业社会进入工业化社会，这是人类社会发展的大转折时期，其历史意义不言而喻。但也应该指出，西方文明大踏步前进的同时，给世界许多地区造成了极大的伤害，许多土著文明陷入灭亡的绝境，代价非常大。

分析了大航海时代对人类文明发展的作用和意义后，就可以分别评价一下几个国家的具体贡献。葡萄牙的功劳很大，他们是大航海时代最早的弄潮儿。由于发现了好望角，打开了欧洲和亚洲之间的海上通商要道，绕开了霸主奥斯曼帝国、地中海小霸王威尼斯等对欧亚大陆交通咽喉地带的扼守和对“丝绸之路”商贸的垄断。商贸通道变动的结果，造成了一些国家的没落，让原来偏居欧亚大陆西端的欧洲地区变成了全球经济发展的中心地区。在这一过程中，葡萄牙人厥功至伟。

西班牙的功劳有二：一是发现了美洲大陆；二是摸清麦哲伦海峡的水路，了解到大西洋与太平洋是相通的，从而为弄明白“全球海洋是连通的”的认知问题做出了重大贡献。西班牙在美洲劫取了大量金银财富，促成了西班牙的极度繁华，也带动了整个欧洲的发展。这一点上西班牙有功劳。但是，虽然获取了大量财富，却没能让西班牙首先实现工业革命，这一光荣的桂冠戴到了英国人的头上。

荷兰虽然是一个小国，但通过不屈不挠的奋斗，成为“海上马车夫”，将生意做到了世界各个角落。就一个国家的体量与其在经济上取得的成绩而言，完全不成比例；而要论对全球经济的影响，荷兰比葡萄牙、西班牙要更胜一筹。沃勒斯坦评价说：“在资本主义世界经济体系中，只有荷兰、英国和当今的美国起到过世界性的作用。”虽然荷兰后来没有能够守住摊子，但他们在历史上曾经创造的辉煌是不可磨灭的。此外，荷兰人通过修筑水坝，保住了自己的家园。虽然他们这方面的努力不是全都成功，但总的说来创造了奇迹，在如何处理人与大自然的关系方面荷兰提供了一个出色的样板。

对各国为人类文明做出的贡献按100分制打分。评分项目如下：文明产生的时间（25分），该文明体拥有的人数（10分），文明在历史上存在的时间（10分），古文明是否已经死亡（10分），该文明体当今的表现（10分），对世界文明宝库的贡献（15分），对人类世界产生的影响（20分）。

意大利文明　85分。

葡萄牙文明　77分。

西班牙文明　76分。

荷兰文明　　79分。

已经打过分的文明体排名：

中华文明　　88分。

以色列文明　82分。

德意志文明　73分。

本人的看法是否有道理，请读者评议和批评指正。